U0792707

职业教育室内艺术设计专业新形态一体化教材

教育部职业院校艺术设计类专业教学指导委员会
环境艺术设计类专业委员会 | 组织编写

室内手绘表现技法

主 编 崔 杰 闫 谨 黄胤程
副主编 黄 懿 卢 玥 周 杰
肖伊琳 董昌恒
参 编 梁建立 黄 佳

INTERIOR
SKETCHING TECHNIQUES

湖南大学出版社 · 长沙

图书在版编目（CIP）数据

室内手绘表现技法 / 崔杰，闫谨，黄胤程主编.

长沙：湖南大学出版社, 2025. 1. -- ISBN 978-7-5667-3616-1

Ⅰ. TU204.11

中国国家版本馆CIP数据核字第2024RX2652号

室内手绘表现技法

SHINEI SHOUHUI BIAOXIAN JIFA

主　　编：崔　杰　闫　谨　黄胤程

策划编辑：张以绪　贾志萍　胡建华

责任编辑：张源源　张以绪

印　　装：湖南雅嘉彩色印刷有限公司

开　　本：787 mm × 1092 mm　1/16　　**印　　张：**10　　**字　　数：**229千字

版　　次：2025年1月第1版　　**印　　次：**2025年1月第1次印刷

书　　号：ISBN 978-7-5667-3616-1

定　　价：58.00元

出 版 人：李文邦

出版发行：湖南大学出版社

社　　址：湖南·长沙·岳麓山　　**邮　　编：**410082

电　　话：0731-88822559（营销部）　88649149（编辑部）　88821006（出版部）

传　　真：0731-88822264（总编室）

网　　址：http://press.hnu.edu.cn

总序

习近平总书记多次对职业教育工作作出重要指示，强调构建职普融通、产教融合的职业教育体系，大力培养大国工匠、能工巧匠、高技能人才。教材是培根铸魂、启智增慧的重要载体，是人才培养的重要支撑，教材的质量直接关系人才自主培养的质量。党的二十大报告首次明确提出“加强教材建设和管理”，体现了党中央对教材工作的高度重视和对“尺寸课本、国之大者”的殷切期望。

为深入贯彻全国职业教育大会和全国教材工作会议精神，更好地促进各有关职业院校室内艺术设计专业的教育教学、学科建设和人才培养，教育部职业院校艺术设计类专业教学指导委员会环境艺术设计类专业委员会高度重视教材体系建设，组织编写了“职业教育室内艺术设计专业新形态一体化教材”。

该系列教材以习近平新时代中国特色社会主义思想为指导，遵循职业教育教学规律、技术技能人才成长规律，紧扣产业升级和数字化改造，依据职业教育国家教学标准体系，对接职业标准和岗位（群）能力要求。基于高素质技术技能人才培养需求，采用“模块—项目—任务”式编写体例，融入思政教学元素，提炼技能竞赛、岗位资格考试要点，体现产教融合、双师编写特色，丰富数字化教学资源，整体开发为纸质教材与数字资源相结合的融媒体教材。

具体来说，该系列教材具有以下特色。

一、思政引领，立德树人：坚持正确的政治方向和价值导向

教材以《国家职业教育改革实施方案》《职业院校教材管理办法》《“十四五”职业教育规划教材建设实施方案》等文件和相关会议精神为指导，严格落实职业教育改革的最新政策要求。展现中国特色、中国风格、中国气派，体现人类文化知识积累和创新成果，全面落实课程思政要求、立德树人要求，弘扬劳动光荣、技能宝贵、创造伟大的时代风尚。教材结合室内艺术设计专业特点，重视生态保护、可持续发展等理念的弘扬，增强生态文明意识；强化学生职业精神、职业规范等的培养，推崇职业道德精神；以实践教学为重点，培养学生运用多种技能处理问题的能力，促进全人教育。旨在实现道德、技术技能、知识三维度内容的一体化。

二、产教融合，双师编写：校企双元合作开发，符合产业实际需求

教材紧跟产业技术的发展和变革趋势，与产业界紧密合作，甄选贴近实际产业需求和工作场景的案例，确保学生所学与市场需求同步。由职业院校中具有高级职称的专业带头人或资深专家领衔编写，中青年骨干教师参与建设，企业参与开发，从而切实提高编写质量，树立权威性，扩大影响力。教材体现室内艺术设计相关产业发展的新技术、新工艺、新规范、新标准，将知识、能力和价值观的培养有机结合，

指导学生从规范和科学的角度出发进行学习，满足其项目学习、案例学习、模块化学习等不同学习方式的要求，为适应不同职业、行业的需要做好必要的准备。由室内艺术设计专业教师与相关企业、行业专家共同编写，校企双元合作开发，结合双方的经验和知识，更具针对性和实用性。

三、内容重构，遵循规律：适应人才培养模式创新和课程体系优化的需要

教材建设遵循职业院校学生的成长规律，顺应职业教育专业、课程和体系重构的趋势，以培养学生的实际能力和综合素养为目标，适应产业发展和教学需求的变化，为学生的职业发展提供有力支持。讲求基础知识与实践技能并重，遵循由易到难、由浅到深的原则，以够用为度，强调实践性，帮助学生逐步建立专业知识体系。教材内容覆盖室内艺术设计专业核心课程的知识点，以真实生产项目、典型工作任务、案例等为载体组织教材单元，符合结构化、模块化的专业课程教学要求。同时，融入职业道德、沟通能力、团队协作等相关内容，以提升学生综合素养。

四、以赛促教，以赛促学：有机融入岗位技能要求、职业技能竞赛知识

教材有机融入岗位技能要求，根据课程标准和全国职业院校技能大赛、世界技能大赛等赛事要求编写，课赛融通，有利于激发学生的学习动力和竞争意识，培养学生的实践能力和创新精神。教材明确体现室内艺术设计行业的相关岗位，如室内设计助理、设计项目主管、项目经理等所需的技能、知识和职业素养。将岗位要求加入相关专业课程，如设计创意、空间设计、材料与工艺等，以培养学生的专业能力。通过对赛事知识的解读，鼓励学生参加全国院校室内设计技能大赛等赛事，以提升其职业竞争力。

五、数字支撑，动态更新：加快推进教材数字化转型，多维度创新

教材顺应时代的发展，回应教育强国建设战略需求和新质生产力的推进要求，积极进行数字化转型。实现新形态教材的多元化和动态化，在内容呈现方面融合声音、动画、视频等，搭建数字平台，增加学生学习趣味性，提高学习效率。随着信息技术发展和产业升级，落实每三年修订一次教材，做到及时更新调整内容。教材以国家职业教育室内艺术设计专业教学资源库和国家级、省级在线精品课程等数字资源为依托，进行教学设计和创新。提供大量图片、案例、视频等教学资源，使内容更加生动、形象，有助于学生更好地理解和掌握知识。教材资源来自不同地区和院校，通过共享和交流，可以让学生了解到不同的设计风格和方法，拓展思维，扩宽视野。除此之外，教材还配有相应的课件、教案、习题等其他资源。

搭建新形态“规划”教材开发平台，助力成员单位开发系列化新形态教材，是本届环境艺术设计类专业委员会的一项重点工作，也是一项长期任务。我们将持之以恒，久久为功，打造一批适应时代要求的精品优质教材，为全国职业教育环境艺术设计类专业高质量发展作出更大贡献。

教育部职业院校艺术设计类专业教学指导委员会

环境艺术设计类专业委员会主任委员

黄春波

2024 年 12 月

CONTENTS

目录

模块一　室内手绘表现基础　001

项目一　室内手绘表现准备　002

知识链接

一　认识室内手绘表现　004

二　室内手绘表现技法的分类　006

三　室内手绘表现技法的学习　008

四　室内手绘表现的常用工具　009

任务实训

任务　室内手绘常用工具的选择　012

项目二　室内手绘透视表现　015

知识链接

一　透视图的主要术语及其含义　017

二　基础透视的类别　019

三　透视作图原理技巧及常见误区　021

任务实训

任务一　平行透视图的绘制　026

任务二　成角透视图的绘制　029

项目三　室内手绘线稿表现　034

知识链接

一　手绘线稿表现方法　036

二　手绘线稿绘制顺序　039

三　手绘线稿表现要点　040

四　手绘线稿作画步骤　041

任务实训

任务一　客厅效果图线稿绘制　043

任务二　卧室效果图线稿绘制　046

模块二　室内手绘空间表现　051

▸ 项目四　手绘空间表现技法　052

知识链接

一　钢笔速写、淡彩表现技法　054

二　彩色铅笔表现技法　059

三　马克笔表现技法　064

任务实训

任务一　彩色铅笔室内效果图绘制　068

任务二　马克笔室内效果图上色　070

▸ 项目五　手绘空间快速表现　076

知识链接

一　手绘空间快速表现的法则　078

二　手绘空间快速表现实战　079

三　手绘空间快速表现案例　086

四　室内快题设计　090

任务实训

任务一　餐饮空间的快速表现　093

任务二　“乡村书吧”快题设计　097

▸ 项目六　数字手绘空间表现　105

知识链接

一　iPad 室内手绘概述　107

二　Procreate 操作技巧　107

三　iPad 室内效果图绘制　113

任务实训

任务一　Procreate 绘制家具线稿　119

任务二　Procreate 绘制民宿空间效果图　123

附录　室内手绘表现案例集锦　129

▸ 后记　151

模块一

室内手绘表现基础

▷ 模块导读

室内手绘是设计师与空间对话的无声语言，亦是思维跃然纸上的第一道痕迹。本模块以基础筑基、思维赋能为导向，围绕室内手绘表现的三大核心环节——准备、透视与线稿，系统构建初学者的空间表达逻辑与技法体系。项目一“室内手绘表现准备”将带领学习者认知手绘在设计流程中的定位，解析不同技法特征，建立科学的学习路径；项目二“室内手绘透视表现”通过解构透视术语与作图法则，重点攻克平行透视、成角透视的绘制难点，培养三维空间转化能力；项目三“室内手绘线稿表现”则聚焦实操层面，从线条组织到空间建构，通过分步骤拆解线稿表现要点，帮助学习者建立从单体家具到完整空间的系统性表达思维。本模块强调技法训练与设计思维的同步培养，通过理论与实践的结合，使学习者既能准确表现空间尺度，又能通过手绘传递设计意图，为模块二的进阶学习奠定扎实的图形表达能力基础。

01 项目一

室内手绘表现准备

学习目标

知识目标

理解室内手绘表现的基本概念和技法分类，掌握室内手绘表现技法的学习路径，熟悉室内手绘表现的常用工具。

能力目标

能够独立分析室内效果图的完成途径和处理手法，能够自主选择合适的手绘工具，具备实际操作工具进行效果图绘制的能力。

素质目标

培养室内设计的审美意识，提升室内手绘素养和实践能力，在构思室内设计方案时既要表达个性化和创新性，又要传达可持续发展的理念。

思政目标

培养工匠精神，向室内装饰行业基层劳动者学习，在工具使用中强化环保理念，在技法研习中培育创新意识，养成严谨细致的学习态度和精益求精的职业素养。

岗位要求

了解室内手绘表现的基本流程，树立为客户服务的职业态度，与客户沟通时能对手绘图纸进行详细、清晰的图解说明。

思维导图

- 室内手绘表现准备
  - 知识链接
    - 认识室内手绘表现
    - 室内手绘表现技法的分类
    - 室内手绘表现技法的学习
    - 室内手绘表现的常用工具
  - 任务实训
    - 室内手绘常用工具的选择

项目导入

手绘是一种快速记录的方式，可以用来表现想象的空间，许多知名设计师都喜欢用手绘的视觉语言将脑海中的设计方案快速呈现在纸上，从而抓住瞬间的设计灵感。在室内设计中，设计师也需要先通过概念性的手绘效果图传达出设计意图，经过反复推敲并与客户沟通后再绘制设计草图，然后进一步打磨设计方案，这一过程需要反复利用手绘的方式来表现。本项目聚焦室内手绘表现的前期准备工作，带领大家认识室内手绘表现，了解室内手绘表现技法的分类，掌握室内手绘表现技法的学习方法，不断提升自己的手绘表现水平和技能，为后面更深入的学习奠定坚实的基础。

思考

在实际设计过程中，该如何正确处理室内手绘效果图和室内计算机效果图之间的关系？

知识链接

数字资源

一 认识室内手绘表现

（一）基本概念

室内手绘表现是指设计者通过运用一定的绘画工具和表现方法，在较短时间内徒手绘制室内效果图，来构思设计主题、表现设计意图的一种快速手绘创作方法。室内手绘表现有助于设计者快捷而直观地表达设计意图，与他人沟通设计方案。

在正式开始室内设计前，手绘效果图快速表现是设计师和客户交流的重要手段。通过手绘效果图，客户的观点与设计师的思想有机融合，更好地满足双方在客观上与主观上的需求，取得双方最满意的结果。

室内手绘表现的突出特点是运用手绘的方式，当面向客户进行图解说明，方便与客户的交流。手绘效果图绘制时间短，不受场地的限制。当交流中遇到难以用言语表达的设计及配置时，如果用手绘效果图快速表现出来，会使人更容易、更清楚地了解设计构思和效果。当客户在施工现场对设计实施方案提出异议的时候，可以根据客户的意愿现场修改方案。方案的探讨是一个彼此沟通的过程，设计师如果能灵活运用手绘快速表现，就能够扮演好沟通者的角色。

延伸阅读

室内设计效果图

室内设计师常采用效果图、模型、影像等图形学技术表达室内设计方案。效果图是室内设计常用的表达方法，传统室内设计效果图多使用水彩、水粉、喷笔、马克笔等绘画工具绘制。伴随计算机与信息技术的发展，计算机绘图及制图、虚拟现实技术等逐渐成为室内设计有效的表达方式。在计算机绘图及制图中，设计师多通过计算机技术搭建空间设计模型、渲染空间光影与材质、编辑设计方案的动态视频，力图模拟设计方案的真实场景。在虚拟现实技术表达中，可视化的视觉效果与技术呈现方式直接影响方案的表达，有助于设计师更准确把握真实空间的尺度，并提高方案的效率与可实施性，还可实现设计师之间跨空间的合作，促进了室内设计理论与实践的发展。

（二）主要用途及应用范围

当今社会，计算机技术在设计领域中得到了广泛的应用，计算机设计的普及对传统手绘设计产生了巨大影响，室内手绘表现只有抓住“快速”这一关键，才能发挥出自身的优点，扬长避短，在室内设计流程中保持应有的地位。

室内手绘表现技法，在当前的室内设计实践应用中依然十分重要。室内设计师通过手绘效果图，可以快速将客户要求表现在纸上，而计算机无法实现这一点。不过，室内手绘效果图和室内计算机效果图各有优缺点，两者都不可或缺。计算机效果图制作时间长、效果生硬，但修改方便、写实性强（图 1-1）。室内手绘效果图表现有其优点（图 1-2）。首先，室内手绘表现是设计师与客户交流的重要手段。在正式开始室内设计前，手绘效果图快速表现能够使客户的观点与设计师的思想相碰撞，进而

▶图 1-1　室内计算机效果图

▶图 1-2　室内手绘效果图

有机融合，取得双方最满意的结果。其次，室内手绘表现在方案设计阶段具有非常重要的地位。通过手绘效果图，设计师可以便捷地捕捉瞬间的设计灵感，将设计创意简单明了地表现出来，为设计方案的深化做好准备。

室内手绘表现的重点是快速表现设计的创意和思路，它包括图形和文字信息；计算机效果图设计的重点是尽可能真实、完美地呈现最终设计场景。一个是过程，另一个是结果，因此室内手绘表现和计算机效果图设计可形成动态的互补与兼容。

室内手绘表现技法是环境艺术设计、室内艺术设计专业的一门必修专业基础课，对于学生掌握基本的设计技法、理解设计、深化设计、提高设计能力有着极其重要的意义。

数字资源

二 室内手绘表现技法的分类

（一）基础技法

室内手绘表现的基础技法是整个绘图表现过程的基石。

1. 线条描绘

线条描绘是所有手绘表现技法中最基础的部分。它要求绘图者能够准确地勾勒出室内空间的轮廓，描绘细节，通过线条的粗细、曲直来表达物体的形态和结构。

2. 色彩填充

色彩填充是赋予画面生命的关键步骤。绘图者需要根据实际场景选择合适的颜色，通过色彩的深浅、明暗来表现室内环境的氛围和光影效果。

3. 阴影处理

阴影处理是提升画面立体感的重要手段。通过合理布局阴影的位置和强度，可以使画面更加生动，增强空间的真实感。

（二）高级技法

高级技法在室内手绘表现中扮演着至关重要的角色，能够极大地提升作品的真实感和艺术表现力，使效果图更加生动和具有说服力。

1. 透视画法

透视画法是构建空间感的基础。通过精确的线条和角度，能够创造出深邃的视觉效果，使观者仿佛置身于真实空间之中。

2. 光影效果

光影效果的运用能够赋予画面生命。通过明暗对比和光线投射，不仅能够突出重点，还能够增强空间的立体感。

3. 材质表现

材质表现是体现细节的关键。无论是光滑的大理石、温暖的木质还是柔软的布艺，都需要通过不同的笔触和色彩来精确再现，以达到逼真的效果。

（三）特殊技法

特殊技法在室内手绘表现中扮演着独特的角色，能够赋予作品独特的艺术风格和表现力，使效果图在设计意图传达和情感表达上更加丰富和多元。

1. 水彩渲染

水彩渲染具有柔和的色彩过渡和透明的质感，常用于表现室内空间的温馨与舒适。

2. 粉笔画法

粉笔画法通过其独特的粉质感和柔和的笔触，能够营造出一种复古而温馨的室内氛围。

3. 数字绘图

数字绘图则利用现代科技，通过计算机软件模拟传统绘画效果，不仅提高了绘图效率，还能实现更为复杂和精细的室内设计表现效果。

（四）应用技法

1. 室内布局展示

室内布局展示是通过手绘效果图来规划和展示室内空间的布局，包括家具的摆放、功能区的划分等。

2. 家具细节描绘

家具细节描绘是对室内家具进行精细的绘制，展现其设计和工艺的独特之处。

3. 空间氛围营造

空间氛围营造是通过色彩、光影等元素的组合，营造出符合设计意图的室内环境氛围，使观者能够感受到设计的情感和理念。

☆ 思政之窗

授人以渔

“授人以鱼，不如授人以渔。”这句谚语说的是传授给人既有知识，不如传授给人学习知识的方法。“鱼”是做事的目的，“捕鱼”是做事的手段，一条鱼能解一时之饥，却不能解长久之饥，如果想永远有鱼吃，那就要真正学会捕鱼的方法。

“授人以鱼，三餐之需；授人以渔，终生之用。”古训揭示职业教育的核心是赋能成长。在室内手绘表现准备阶段，工具的熟悉、构图的规划、观察力的锤炼，看似基础，实则是培养自主设计思维的起点。学习手绘不能迷恋技法模板，成为“描摹工具”；而要勇敢探索线条背后的空间逻辑、透视中蕴含的比例美学，追求“渔者之智”——从理解“为何而画”到思考“如何创造”，从被动模仿到主动建构，唤醒独立解决问题的能力。

数字资源

三 | 室内手绘表现技法的学习

学习室内手绘表现技法的目的，是更好地利用这一技能，服务于设计。随着现代科技的发展，运用计算机制作室内效果图的情况越来越多，但从艺术效果上看，其远远不如手绘效果图生动。因此，掌握室内手绘表现技法的基本原则和学习路径非常重要。首先要掌握切合实际的学习方法，其次要勤奋和努力练习。只有这样，才能在今后的设计创作实践中，不断提高设计能力和水平。

（一）基本原则

随着时代的发展、社会的进步，人们对室内设计也有了更高的要求。室内效果图表现从最初的简单的描绘，发展到了日益普及的计算机制图表现。现代各种表现技法的完善，也使效果图表现得到了充分的发展。但无论效果图表现如何变化，手段和技法如何进步，设计方案的反映和传达都需要遵循如下三个基本原则。

（1）实用性：手绘效果图以准确真实地反映设计效果为首要前提，以便于后期的施工与应用，有很强的实用性，且具有一定的专业特点。

（2）科学性：手绘效果图在绘制过程中要遵循一定的规则，严谨地按照透视关系和制图标准起稿，在使用功能方面要按人体工程学的要求来设计表现。

（3）艺术性：手绘效果图是后期指导制作施工的有效蓝图。在效果图中，成熟的技巧、动感的线条、完美的结构、精美的画面能为其设计平添不少风采，增强效果图的艺术感染力。

综上所述，严谨规范的制图才能有效地体现作品的实用性，精细准确的透视才能逼真地体现作品的科学性，协调完美的色彩才能充分地体现作品的艺术性。

（二）学习方法

在学习室内手绘表现技法的过程中，要接受科学正规的训练和指导，以免走弯路。要根据一定的程序和步骤制订训练计划，掌握正确的学习方法。

（1）眼勤：多留心风格独特的建筑室内装饰表现方法，注意观察周围的景观布局特点。

（2）手勤：养成徒手勾画、速写、记录的习惯。

（3）脑勤：多思考、多比较、多记忆，在创作的过程中多总结经验，不断提高手绘表现能力。

（三）学习步骤

1. 掌握透视

首先要运用透视规律来表现物体的结构，搭建空间框架，然后再运用艺术性的手法表现明暗、色彩、质感，最终完成室内手绘效果图，从而体现设计者的意图。室内手绘表现技法最开始的学习重点就在于透视的表现，以单线来表现室内的空间立体感。

2. 合理构图

构图是任何绘画中都不可缺少的表现阶段，室内手绘效果图当然也不例外。所谓的构图就是把众多的造型要素在画面上有机结合起来，并按照设计所需要的主题，合理地安排在画面中适当的位置，形成既对立又统一的效果，以达到视觉心理上的平衡。

3. 提炼创意

正确地把握室内设计的立意与构思、深刻领会设计意图是学习室内手绘表现技法的重要着眼点。为此，必须要把提高自身的专业理论知识水平和文化艺术修养，培养创造性思维和深刻的理解能力作为重要的目标，贯穿学习的始终。

4. 构思造型

在室内手绘效果图中，对素描中“三大面五大调”的运用可根据设计效果的要求进行概括和简化。在实际设计应用中，要根据效果图的不同用途，来选择复杂或概括的表现手法，以便更清楚地表达设计构想。

5. 快速表现

在室内手绘效果图实际应用中，设计师往往要面对客户现场展示或构思，讲求“快、准、狠”，因此，要做到笔墨不多却表达到位。

6. 把握色彩

一般来说，室内手绘效果图的色彩应力求简洁、概括、生动，减少色彩的复杂程度。用色彩表现效果图时，不仅要表现色彩的关系、物体明暗关系，还要注意表现出不同材质的质感。

7. 追求质感

质感的表现在室内手绘效果图中有重要的作用。要根据不同物体表面材质的特征使用相应的运笔方式和表现手法。如有的物体表面肌理不显著，运笔可保持同一方向，涂色用笔要快速。

室内手绘表现与计算机效果图设计相比，灵活度更高、感染力更强，所以它不是计算机所能代替的，并且将在快速表现、创意表达等方面发挥越来越重要的作用。

数字资源

四 | 室内手绘表现的常用工具

在选择室内手绘工具时，应根据绘图的具体需求来决定。如果需要快速上色和大面积覆盖，马克笔是理想选择；而对于追求细腻色彩和层次感的作品，则可能更适合使用水彩。此外，考虑到个人的绘图习惯和风格，选择适合自己的工具也很重要。习惯于精细描绘的设计师可能会偏好细尖的彩色铅笔，而追求效率和现代感的设计师则可能更倾向于使用数位板和相关软件。

室内手绘表现常用的工具主要包括以下几类。

（一）草图及线稿工具

1. 铅笔

铅笔是绘制草图的常用工具，选择传统的

木制铅笔或自动铅笔均可。木制铅笔线条方便修改，适合前期绘制草图和梳理设计思路。自动铅笔有助于较好地控制线条的粗细，提升绘制精度，并保证作品的整洁干净，使画面不易脏乱，也是线稿起稿时的好选择。

2. 橡皮

橡皮用于配合前期铅笔稿的绘制，在图形绘制不正确时，用于擦除错误，并在完成勾线后用于擦除全部铅笔稿。

3. 平行尺

平行尺是画平行线的工具，由可以转动的平行四边形组成，其中有一组对边分别是动尺和静尺。在绘制室内效果图线稿时，平行尺可以帮助我们绘制出准确的平行线和垂直线。

4. 针管笔

针管笔在线条的表现力与稳定性上具有突出优势，适用于线稿的描边，以及各种细节的绘制和材质的表现。初学者在下笔前需谨慎思考，可在较完善的铅笔稿上用针管笔勾线。针管笔根据笔芯粗细有 0.1~2.0 mm 多个型号，数字越小画出来的线条越细，反之则线条越粗，可根据需要选择合适的规格。

5. 钢笔

钢笔的用途也是勾勒线条，因为其出水和笔尖特点，能够画出较为丰富的效果，可用于钢笔速写、钢笔淡彩技法表现，但也容易出现断墨或者漏墨等情况，因而实用性不及针管笔。作画时一般要选用质量较好的钢笔，墨水一般选用黑色碳素墨汁。

（二）色彩表现工具

1. 马克笔

马克笔色彩丰富，使用便捷，有较好的耐水性，是目前纸面手绘最常用的上色工具。根据其颜料特性可以分为水性马克笔和酒精油性马克笔，绘制室内效果图时一般选择酒精油性马克笔。马克笔有扁头和尖头，上色时一般用扁头较多。

2. 彩色铅笔

彩色铅笔是一种半透明上色工具，其表现特点是方便简单。运用彩铅能够像运用普通铅笔一样自如，同时还可以在画面上表现出细腻的笔触。彩色铅笔色彩丰富，可以表现出较为轻盈、通透的质感，表现效果典雅、朴实，能利用线条画出细微生动的层次变化。

3. 水彩

水彩颜料一般用胶水调制而成，有干块装和锡管装两种，其效果是颗粒细腻而且十分透明，色彩浓度相对容易掌握，可以通过加水的多少来控制颜色的明度和纯度。水彩画笔常用羊毫或狼毫制成，有扁、圆两种类型，笔毛比较软，蓄水量大。

（三）纸张

1. 打印纸

在进行手绘效果图表现时，纸张的选择也很重要。一般手绘练习用 A4 或 A3 打印纸即可，根据具体需求也可以选择其他尺寸。如果要使用彩铅或马克笔等工具上色，则推荐使用

80 克及以上的打印纸或马克笔专用纸。

2. 素描纸 / 水彩纸

根据所使用的绘制材料，还可以选用素描纸或者水彩纸等专业用纸。这类纸张在纹理上有粗纹、中粗纹、细纹等规格，在克数上也有多种规格供选择，我们可以根据想要的效果选择合适的纸张。作画前需要裱纸，否则会影响画面效果。

（四）其他工具

除了以上所述的工具材料外，还有其他一些辅助工具，如美工刀、卷笔刀、画板、涂改液、高光笔、小楷笔等，可以帮助我们更好地完成手绘效果图的绘制工作。另外，还有一些表现特殊效果的工具，如羊毛板刷（方便大面积作画）、蜡笔和油画棒（具有不溶于水的特点），可以做出一些特殊效果，如表现肌理、保留高光等。

竞赛知识

2025 年第二十二届中国手绘艺术设计大赛

大赛分类：

（1）设计表现类：该类别主要包括景观、街区、建筑等原创设计方案的手绘草图、在校学生设计专业课程的原创设计作品等，要求必须体现参赛者的设计分析、设计理念等原创设计想法，不能直接临摹他人设计作品，纯粹的写生或临摹或其他非参赛人本人的原创设计作品均不能报此类。

（2）建筑写生类：该类别包括景观，街区，建筑的内部、外部、局部，群落等建筑相关的手绘写生作品。

以上两组作品表现手法不限，水彩、水粉、铅笔、粉笔、马克笔、钢笔等均可。要求必须全部是本人手绘作品，且不能利用电脑后期处理。

参赛要求：

参赛人自行排版，展板尺寸 590 mm × 820 mm（竖式 / 横式展板均可，分辨率 300 dpi，格式 jpg，单张展板大小在 5 MB 以上）；作品可以 1 幅或多幅；1 幅作品可以 1 张展板或多张展板，但最多不超过 4 张展板；1 幅作品多张展板时要求内容必须有连贯性。

任务实训

任务　室内手绘常用工具的选择

任务要求

数字资源

了解室内手绘常用工具的性能和使用方法，能根据不同情境和要求正确地选择室内手绘工具。

室内手绘表现是设计师表达创意和构思的重要手段，它能够直观地展示设计方案的空间布局、色彩搭配和材质质感。在室内手绘效果图的创作过程中，选择合适的绘图工具至关重要，这不仅会影响绘图的效率，还直接关系到最终效果图的表现力和专业度。从基础的铅笔、橡皮、尺子，到表现色彩的彩色铅笔、马克笔和钢笔淡彩，再到辅助工具（如模板、剪刀和胶带）以及高级工具（如数位板和3D打印笔），每一种工具都有其独特的用途和表现效果。正确地选择和使用这些工具，能够帮助设计师更好地传达其设计理念，创造出令人信服的室内手绘效果图。

任务实施

实训1　基础绘图工具的选择

①铅笔：铅笔是最基本的绘图工具之一，分为H系列和B系列。H系列铅笔硬度较高，适合绘制精细的线条和草图；而B系列铅笔则软度较大，适合加深阴影和对细节的描绘。

②橡皮：橡皮的选择同样重要，软橡皮适合大面积的擦除，而硬橡皮则适合精确擦除局部错误。

③尺子：尺子在绘图中用于确保线条的流畅度和准确性，直尺用于绘制直线，曲线尺则用于绘制复杂的曲线形状，确保图形的流畅与美观。

实训2　色彩表现工具的选择

①彩色铅笔：色彩丰富，易于控制。彩色铅笔因其色彩丰富且易于控制而受到许多设计师的青睐，适用于细致的色彩层次划分和细节描绘，能够使效果图更加细腻和真实。

②马克笔：快速上色，适合大面积渲染。马克笔以其快速上色的特点，成为渲染大面积背景或快速表现设计概念的理想选择，其鲜明的色彩和流畅的笔触能够迅速捕捉观者的注意力。

③钢笔淡彩：透明质感，适合细节描绘。钢笔淡彩现在用马克笔与钢笔速写或钢笔画结合较多，有时也用水彩与钢笔画结合。钢笔淡彩画面效果淡雅清新，具有一种轻盈和通透的感觉，尤其适合表现光影变化和材质质感，能够为效果图增添艺术气息。

实训3　辅助工具的选择

①模板：快速绘制标准图形。模板的使用能大大提高绘图的效率和准确性，无论是绘制窗户、门

框还是标准图形的家具，模板都能快速提供精确的轮廓，减少手工绘制的误差。

②剪刀和胶带：用于拼贴和固定。剪刀和胶带也是重要的辅助工具，它们不仅可用于剪裁纸张和贴纸，还可以在制作拼贴效果图时发挥作用，通过剪切和粘贴不同的材料创造出丰富的层次感和立体效果。

实训 4　高级工具的选择

①数位板：结合计算机软件，提高效率。数位板是结合计算机软件使用的一种现代化工具，它能够极大地提高绘图的效率和精确度。设计师可以通过数位板上的触控笔直接在计算机屏幕上作画，不仅能够实时看到绘制效果，还能够利用软件中的各种工具和功能，如图层管理、色彩调整等，来优化和完善手绘效果图。数位板的使用使室内设计的表现更加灵活多变，同时也便于后期的修改和调整。

② 3D 打印笔：创新的表现工具。3D 打印笔是一种创新的表现工具，它允许设计师在三维空间中直接“绘制”出立体的线条和形状。这种工具通过加热特殊的塑料丝，使其熔化后从笔尖挤出，在空气中迅速冷却固化，从而形成立体的结构。在室内手绘效果图中，3D 打印笔可以用来表现复杂的装饰元素，如雕花、立体图案等，为平面图增添了立体感和深度，使设计更加直观和生动。

核心知识小结

1. 室内手绘高级技法

透视画法；光影效果；材质表现。

2. 室内手绘特殊技法

水彩渲染；粉笔画法；数字绘图。

3. 室内手绘的学习步骤

掌握透视；合理构图；提炼创意；构思造型；快速表现；把握色彩；追求质感。

4. 手绘色彩表现工具的特点

①马克笔：色彩丰富，使用便捷，有较好的耐水性。

②彩色铅笔：方便简单，色彩丰富，轻盈通透。

③水彩：颗粒细腻而且十分透明，色彩浓度相对容易掌握。

练习思考

1. 室内手绘表现的基本原则是什么？

2. 室内手绘的草图及线稿工具有哪些？

学习评价

项目自评、互评及导师评价表

专业：			班级：		学生：	指导老师：
序号	评价维度	分值	评价内容	学生自评（20%）	学生互评（20%）	教师评价（60%）
1	知识掌握	20分	理解核心理论（如透视原理、光影规律、材质特性等），能准确回答理论问题，能通过草图或文字说明设计思路			
2	技能应用	40分	线条流畅，透视准确；色彩搭配协调，过渡自然；材质表现真实，细节刻画到位；空间层次分明，比例合理			
3	创意表现	20分	构图新颖，设计有独创性，艺术感染力强，具有个性化表达效果			
4	工具使用	10分	熟练操作马克笔、彩铅等工具，工具维护规范，作画效率高			
5	职业态度	10分	按时提交作品，积极参与讨论，主动优化修改，团队协作与沟通			
合计得分						
学生自评总结：					签名：	
同学互评建议：					签名：	
教师评语与改进要求：					签名：	

02

项目二

室内手绘透视表现

学习目标

知识目标

了解室内透视图的主要术语，熟练掌握平行透视和成角透视的绘制规律、方法及技巧，认识室内透视作图中的常见误区。

能力目标

能够准确理解透视术语的含义，能够区分平行透视、成角透视和倾斜透视，具备正确应用透视原理分别绘制平行透视和成角透视室内透视图的能力。

素质目标

培养科学严谨的透视分析态度，强化空间逻辑思维能力，养成耐心细致的绘图习惯，提升艺术审美感知力，树立规范操作与创新表达并重的职业素养。

思政目标

培育精益求精的工匠态度，传承东方空间美学的文化基因，强化团队协作的规范意识，践行绿色人居的设计理念，厚植服务大众、回馈社会的职业使命感。

岗位要求

培养认真负责、精益求精的工作作风和严谨的治学态度，在作图过程中实现精确的测量、准确的透视和细腻的描绘，使透视图能够完整传达设计意图，提升设计方案的说服力。

思维导图

项目导入

在室内设计创作中，“近大远小”的透视规律是手绘空间的灵魂，透视表现是连接构思与图纸的桥梁，精准的透视能赋予图纸真实感与感染力。本项目通过解析灭点、视平线等专业术语，系统讲解平行透视与成角透视的绘制规律，结合家具单体与完整场景的阶梯式训练，破解初学者易犯的透视变形、构图失衡等难题。学生将掌握透视线稿的起形方法，理解空间尺度与进深关系的表达技巧，将抽象透视理论转化为准确、生动的空间画面，实现从平面思维到立体表达的跨越式提升。

思考

在绘制室内透视图的过程中，如何避免出现透视比例失真的问题？如何调整透视图以达到更自然的效果？

知识链接

一 透视图的主要术语及其含义

室内设计是对建筑空间的设计，室内手绘效果图必须表达出这种空间的设计效果，也就是要有“空间感”。因此，室内手绘效果图必须建立在一种缜密的空间透视关系的基础之上。对透视学知识的运用是掌握室内手绘表现技法的前提。现代透视制图学给我们提供了各种场景下透视现象的制图方法。

透视图是效果图的关键，也是效果图的骨架。效果图要表现物体的主体关系，把三维空间的物体转换成二维空间的物象。

要弄懂透视图的基本原理，必须先了解一些透视图的主要术语及其含义（图 2-1）。

（1）立点：观察者所处的位置。

（2）视点：观察者眼睛的位置。

（3）视高：立点的地面位置到视点的距离，视高与视平线同高。

（4）视平线：与视点同高、通过视中心的线。

（5）中心视线：视点与视中心的连线。

（6）视中心：从视点延伸到中心视线，与视平线相交的点。

（7）灭点：视点通过物体的各点并延伸到视平线上的交汇点，又称消失点。

（8）画面：视点与被视物体之间所设的垂直于基面的假设投影面。

（9）基面：亦称地面，是物体位置的地平面。

（10）基线：指基面与画面底边相接的边线。

（11）基点：过画面的视中心垂直于基面的直线与基线相交的点。

（12）测点：也称量点，是求透视图中物

思政之窗

实事求是

毛泽东在《改造我们的学习》一文中，对“实事求是”这一古语的含义作了新的解释：“‘实事’就是客观存在着的一切事物，‘是’就是客观事物的内部联系，即规律性，‘求’就是我们去研究。”实事求是意味着，从实际情况出发，不夸大，不缩小，正确地对待和处理问题。

在室内手绘透视表现中，“实事求是”是贯穿始终的准则。透视技法要求设计者以科学规律为基础，严谨推敲视平线、消失点与空间比例，既不能脱离现实凭空臆造，也不可因追求形式美感而扭曲客观规律。中国古代匠人营造建筑时“以绳墨定方圆”，西方科学家以几何原理破解视觉规律，无不体现“求真”的共性。唯有尊重事实、遵循科学，才能创造出经得起推敲的作品。我们在练习中需以“匠人精神”对待每一根线条——透视失之毫厘，施工可能谬以千里。

体尺度的测量点，有需要时可在视平线上定出其位置。

（13）视域：固定视野的所有视线集中在视点上形成的锥形范围。其截面是个近似的椭圆形，视轴上方的最大角度为 45° ，视轴下方的最大角度为 65° ，视轴左右最大角度为 140° （图 2-2）。

（14）60° 视域：视觉在 60° 视域内清晰，物体形状透视变化正常；60° 视域以外，视觉不清晰、模糊，物体形状出现畸形变化（图 2-3）。

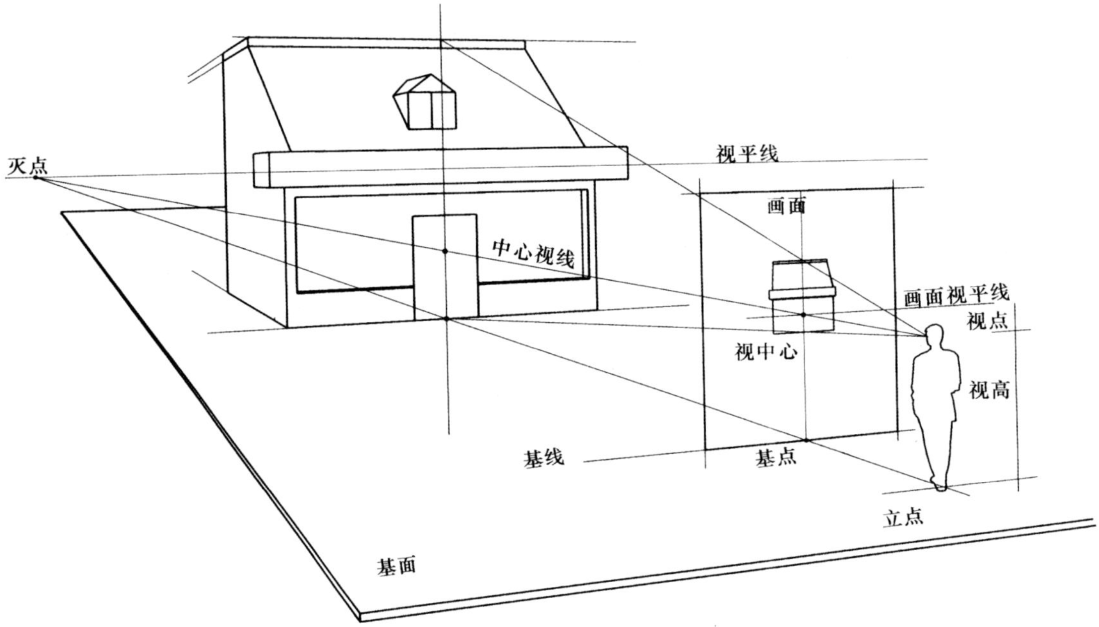

▶图 2-1　透视图的主要术语

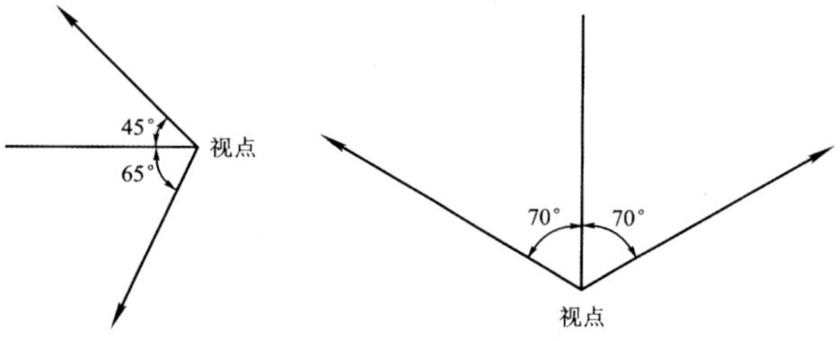

▶图 2-2　视域

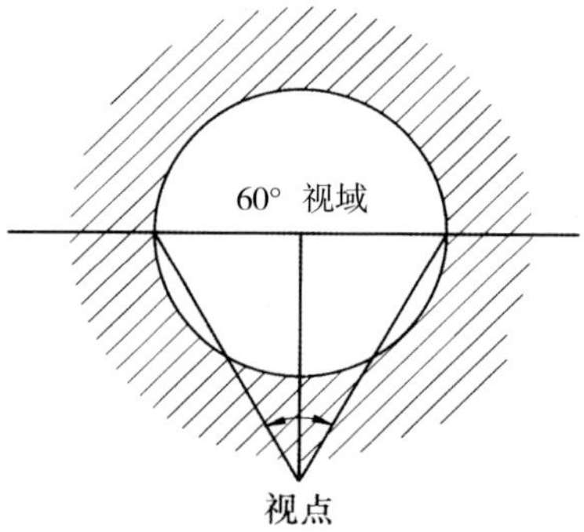

▶图 2-3　60° 视域

二 | 基础透视的类别

数字资源　　数字资源

（一）平行透视

平行透视也称一点透视，它的表现范围广，有较强的纵深感，适合表现庄重、严肃的室内空间。平行透视是室内表现图中最为常用的一种方法，缺点是比较呆板（图 2-4）。

平行透视有如下特征：只有一个灭点在画面内；水平线永远水平、不变形，只有远近大小的变化；垂直线永远垂直、不变形，只有远近大小的变化。

（二）成角透视

成角透视也称两点透视，它的画面效果比较自由、活泼，对空间的反映比较接近人的真实感觉。成角透视的缺点是如果角度选择不好易产生变形（图 2-5）。

成角透视有如下特征：有两个灭点消失在同一视平线；垂直线永远垂直；所成角度的和为 90°。

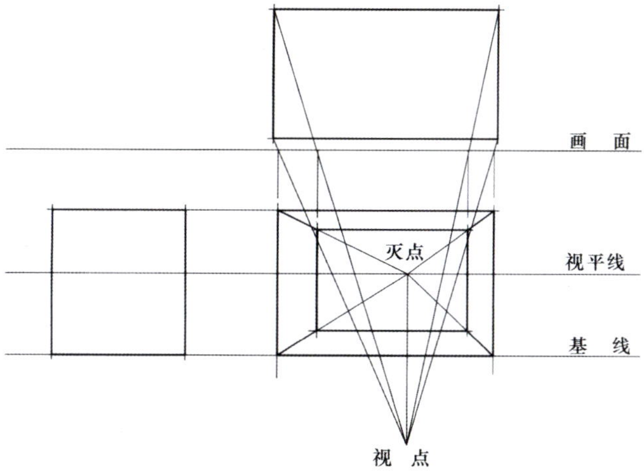

▶ 图 2-4　平行透视

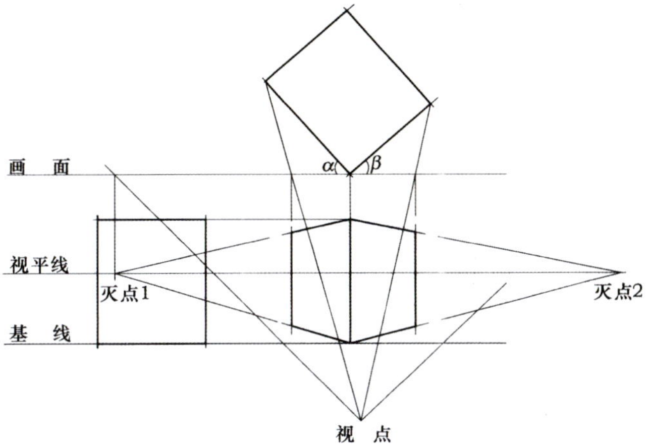

▶ 图 2-5　成角透视

（三）倾斜透视

当一个或几个平面与水平面成一边低一边高发生倾斜，或上下观察物体时中视线发生倾斜，都叫倾斜透视。

倾斜透视有以下几种情况：

三条棱边及三个面都不平行于画面，都消失在左右上（下）三个灭点（图 2-6）。

只有一条棱边平行画面，其余两条棱边不平行画面，因此有两个灭点（图 2-7）。

垂直上下观察和平行透视一样，一个面平行于画面并且只有一个灭点（图 2-8）。

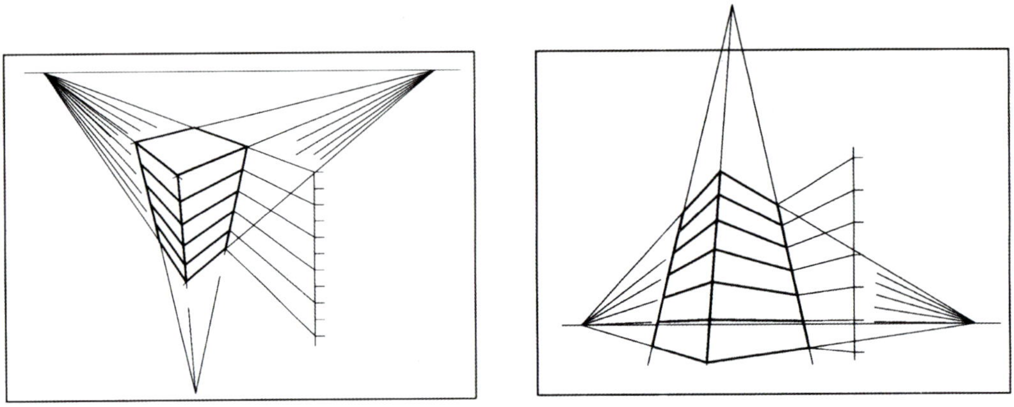

▶ 图 2-6　三点倾斜透视

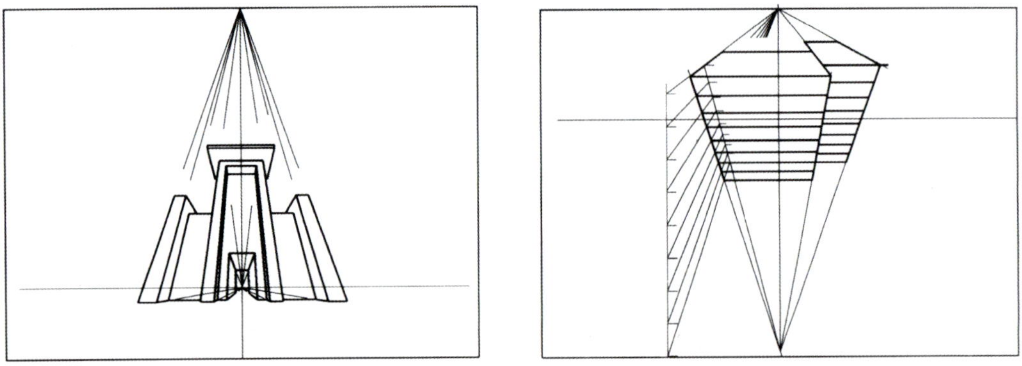

▶ 图 2-7　两点倾斜透视

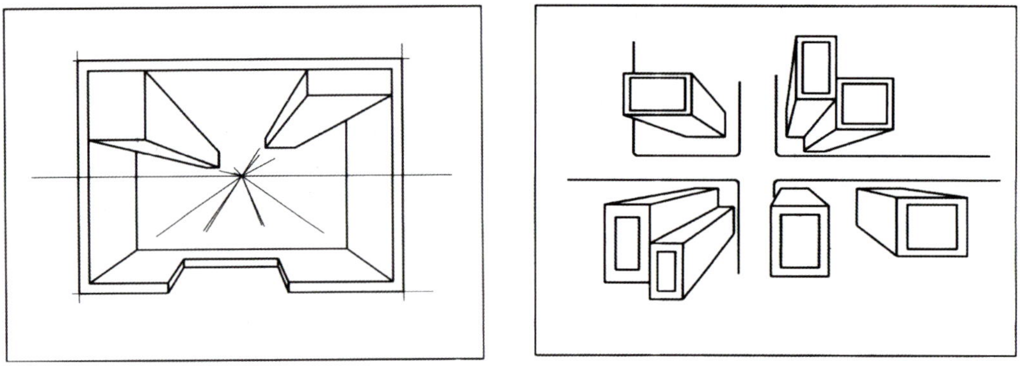

▶ 图 2-8　一点倾斜透视

延伸阅读

轴测图

轴测图能够再现空间的真实尺度，并可在画板上直接度量，但不符合人眼观看习惯，感觉比较别扭。因为轴测图没有遵循透视意义上近大远小的基本原理，所以它并不属于透视图的范畴。

（1）正轴测图。平面图旋轴 30°，保持 *z* 轴垂直，这样作出的图形竖直方向都保持垂直，所以称为正轴测图（图 2–9）。

（2）斜轴测图。保持平面图形不动，将 *z* 轴倾斜 30°，这样作出的图形竖直方向均倾斜 30°，所以称作斜轴测图（图 2–10）。

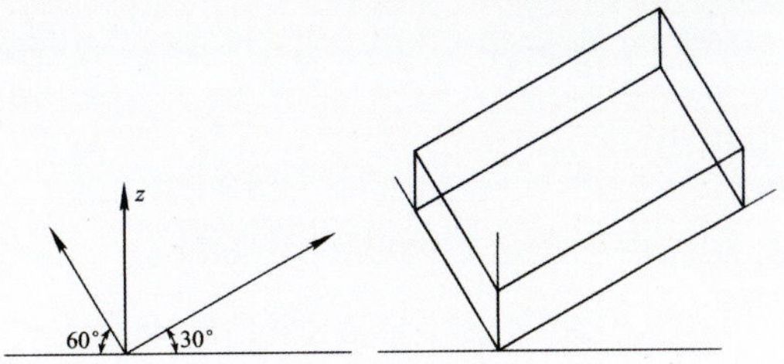

▶ 图 2–9　正轴测图

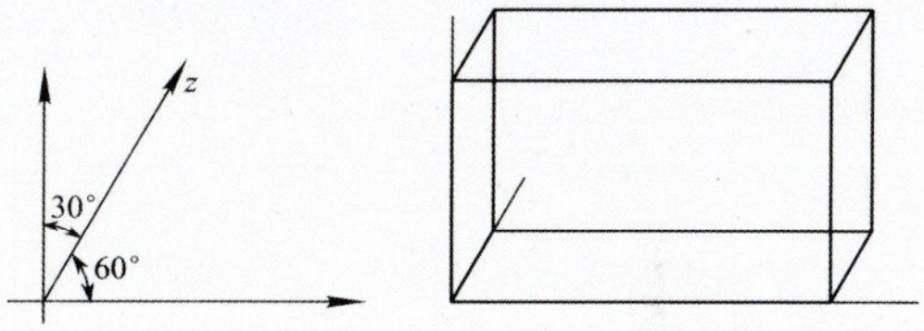

▶ 图 2–10　斜轴测图

数字资源

三 | 透视作图原理技巧及常见误区

（一）透视作图原理技巧

1. 利用对角线平行分割图形

已知透视面 *abcd* 与 *abfe*，利用对角线平行分割图形，如图 2–11 所示。

（1）作对角线 *ac*、*bd*、*af*、*be*，分别得中点 *m*、*n*。

（2）过 *m*、*n* 分别作垂线 *gh*、*ij*，即得面 *abcd*、*abfe* 的等分线。

（3）同理，可得面 *abgh*、*ghdc* 的等分线。

2. 利用中线作已知透视平面的相等透视面

利用中线作已知透视平面 *abcd* 的相等透视面，如图 2–12 所示。

（1）连接 *ad* 中点 *e* 与灭点 V.P 交 *bc* 于点 *f*。

（2）连接 *af* 并延长到视平线上的交点 $V.P_n$（即辅助灭点）。

（3）连接 $bV.P_n$ 与 *e*V.P 相交于点 *g*，过点 *g* 作水平线 *mn*，得透视面 *bcnm*。

3. 利用辅助灭点分割已知透视面

利用辅助灭点分割已知透视面 *abcd*，如图 2–13 所示。

（1）过 *b* 作水平线 *bi*，并等分 *bi*，得点 *e*、*f*、*g*、*h*。

（2）连接 *ic* 并延长到视平线 H.L，得灭点V.P。

（3）过点V.P分别连接点e、f、g、h；与bc相交于e'、f'、g'、h'。

（4）过点e'、f'、g'、h'，分别作ab的平行线。

4. 用八点求圆法绘制圆的透视图

用八点求圆法绘制圆的透视图，如图2-14所示。

（1）作ab中点e，以点e为圆心、eb为半径作半圆，并连接aV.P、eV.P、bV.P（V.P即灭点）。

（2）以ae为边，作45°夹角，与半圆相交于点f，过点f作ab垂线fg得点g（同法得点h），并连接gV.P、hV.P。

（3）同理，可得相关交点，用圆滑的线条将各交点依次连接，即得透视圆。

5. 利用斜对角线求透视形体中心

利用斜对角线求透视形体中心，如图2-15所示。

（1）连接透视形体的斜对角线ac、bd得中心点m，m即所求形体的中心。

（2）过点m作垂线，即得形体的垂直中线。

6. 楼梯的透视画法

楼梯的透视画法，如图2-16所示。

（1）hb为台阶级数的刻度线，各刻度线分别与右边的灭点V.P_2连接，与点b和天点连线的相交点数即为台阶级数。

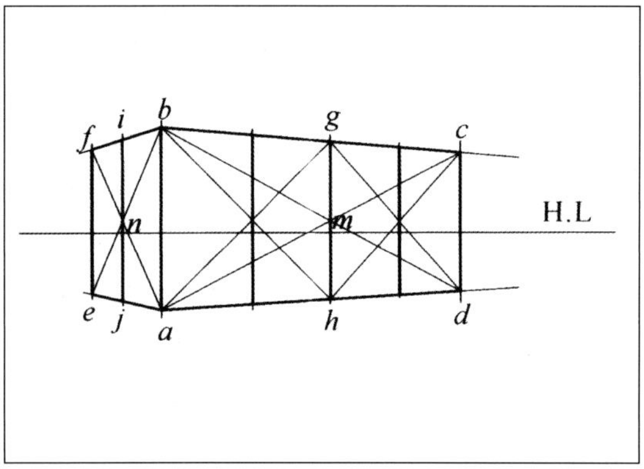

▶图2-11　利用对角线平行分割图形

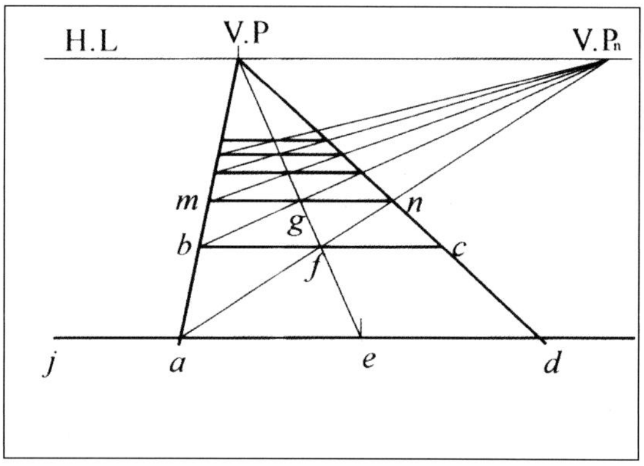

▶图2-12　利用中线作已知透视平面的相等透视面

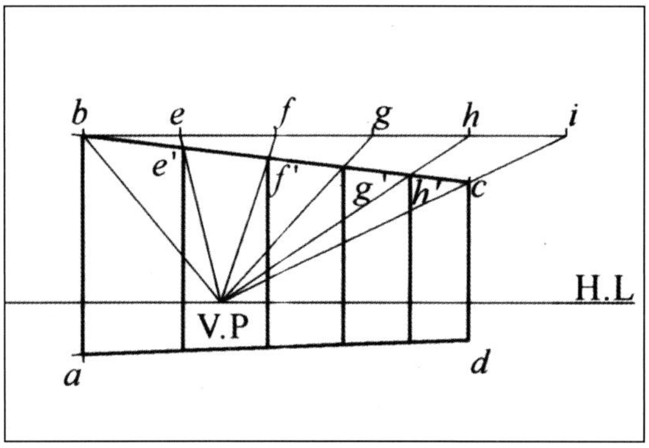

▶图2-13　利用辅助灭点分割已知透视面

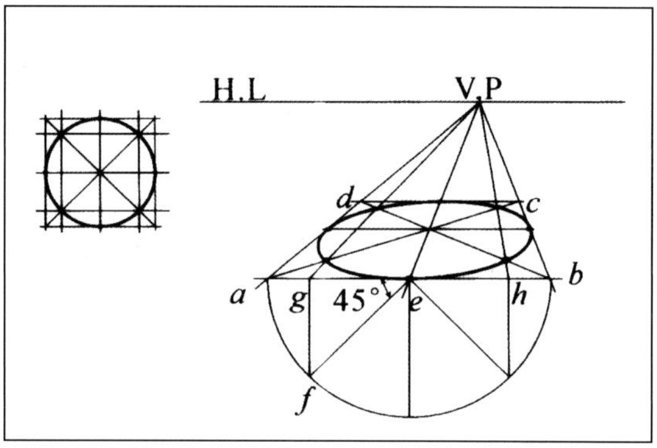

▶图2-14　用八点求圆法绘制圆的透视图

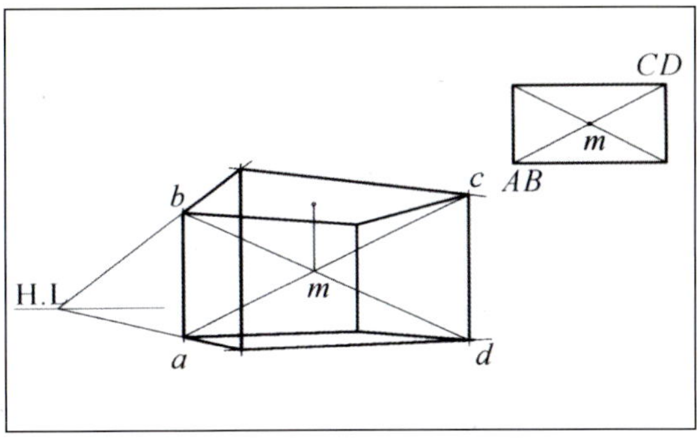

▶图 2-15 利用斜对角线球透视形体中心

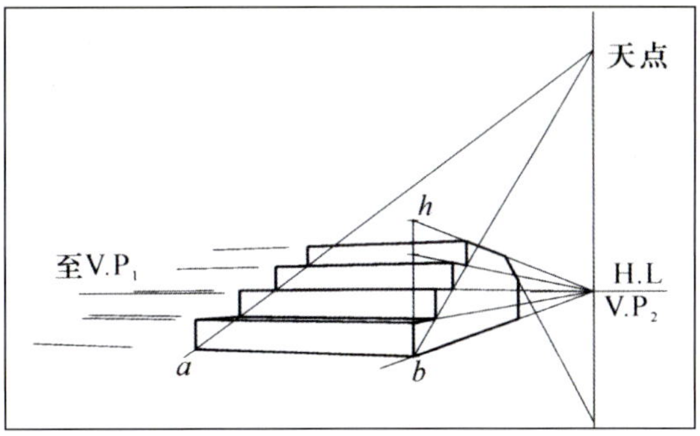

▶图 2-16 楼梯的透视画法

（2）近低远高的面消失到视平线以上的天点，近高远低的面则消失到视平线以下的地点。

（二）透视作图常见误区

1. 平行透视图绘制中常见误区

（1）表现的环境大部分在 60° 视域之外，所以透视畸形部分较多，正方形网络看似为长方形，被表现物体的比例失调，见图 2-17。

（2）相互平行的倾斜变线应有同一个天点（或地点），应在测点处按实际角度来确定天点、地点，见图 2-18。

（3）地面网络的原线没有通过等分点，对测点法认识不清，这样的网络结构起不了坐标作用，见图 2-19。

（4）平行透视概念不清，变线不统一，造成室内环境扭曲，平行透视主体变线的灭点为同一灭点，见图 2-20。

（5）环境大部分在 60° 视域之外，透视畸形过多，床的长宽比例不协调，见图 2-21。

（6）测高的方法不对，前面的大柱子画高了，后面的两个小柱子顶部高不同，见图 2-22。

2. 成角透视图绘制中常见误区

（1）环境大部分在 60° 视域之外，透视畸形使得物形扭曲，见图 2-23。

（2）墙体变线、地格变线无规则排列，造成环境扭曲，见图 2-24。

（3）视点太近，环境大部分在 60° 视域之外，透视畸形使得物形扭曲，见图 2-25。

（4）天点无规则确立，不统一，造成斜面扭曲，见图 2-26。

（5）测高法运用错误，左侧墙面高了，人物过大，见图 2-27。

（6）门洞的透视不对，人物也小了，见图 2-28。

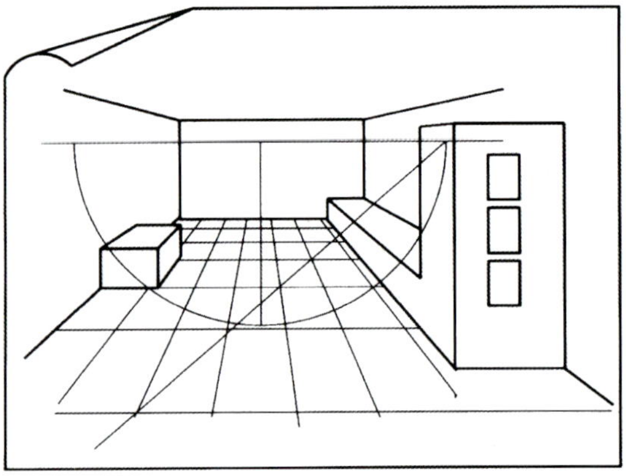

▶图 2-17　平行透视常见误区（1）

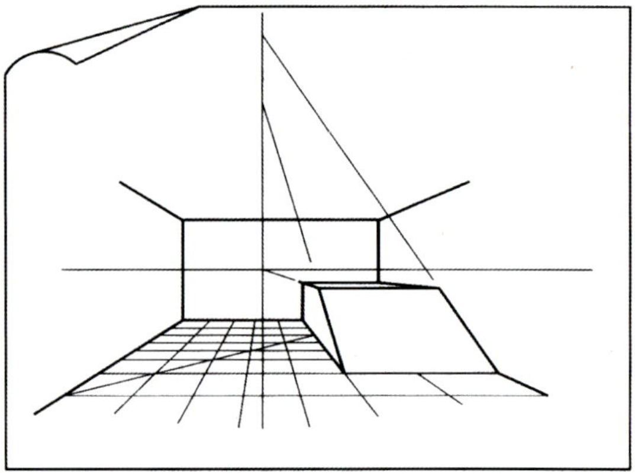

▶图 2-18　平行透视常见误区（2）

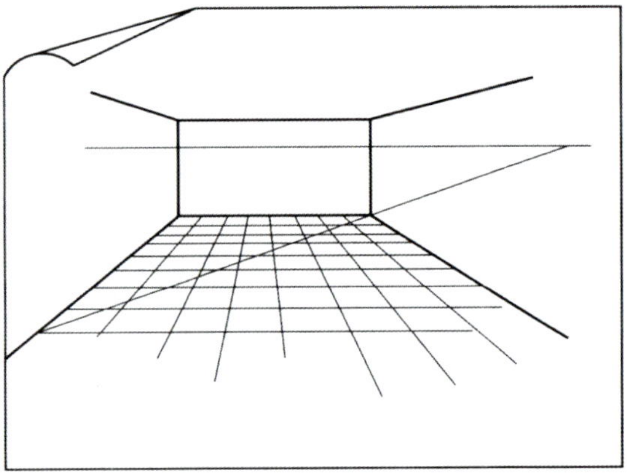

▶图 2-19　平行透视常见误区（3）

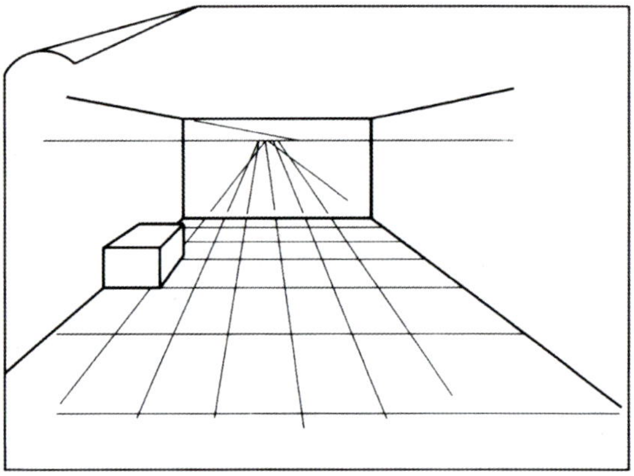

▶图 2-20　平行透视常见误区（4）

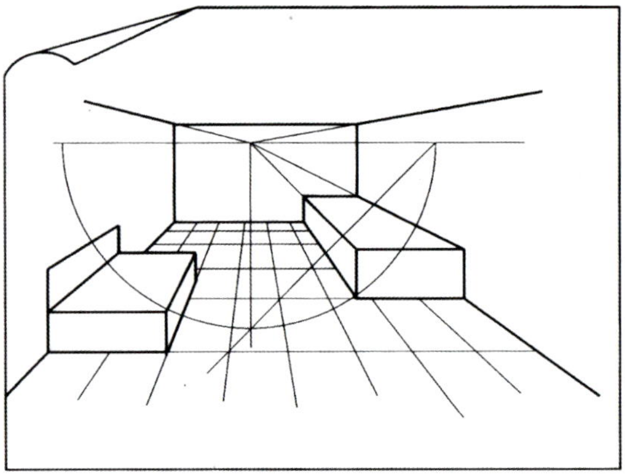

▶图 2-21　平行透视常见误区（5）

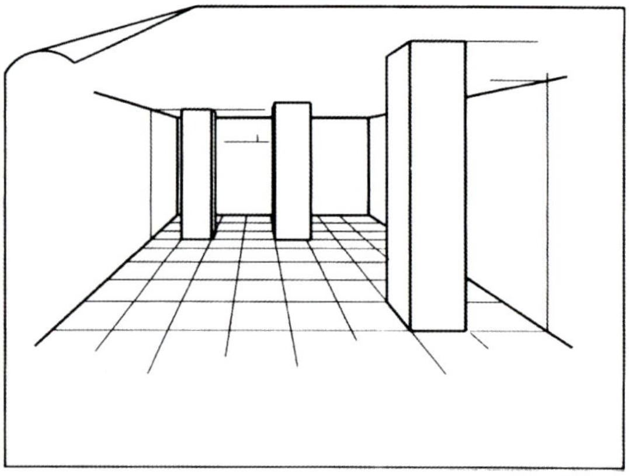

▶图 2-22　平行透视常见误区（6）

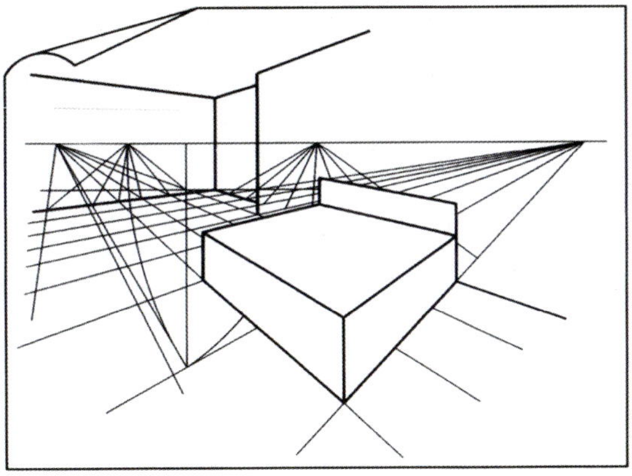

▶ 图 2–23　成角透视常见误区（1）

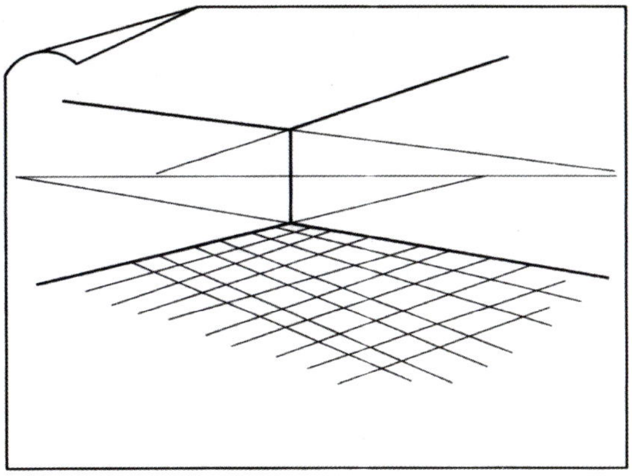

▶ 图 2–24　成角透视常见误区（2）

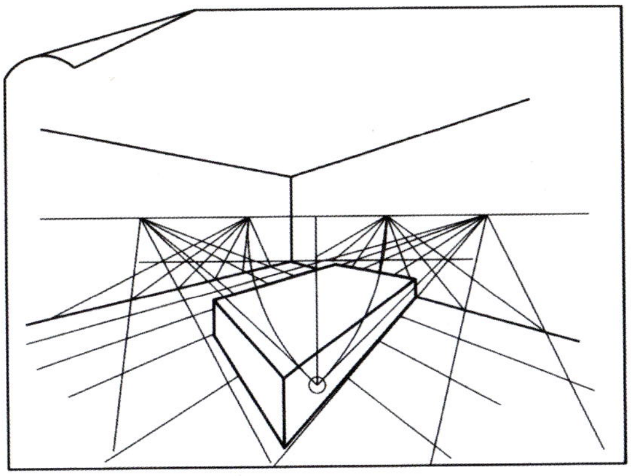

▶ 图 2–25　成角透视常见误区（3）

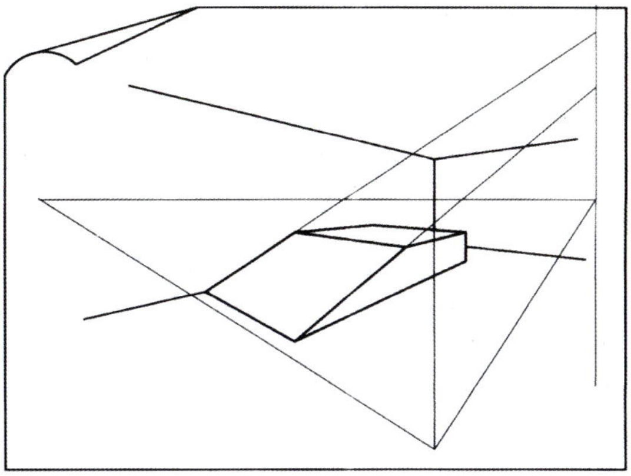

▶ 图 2–26　成角透视常见误区（4）

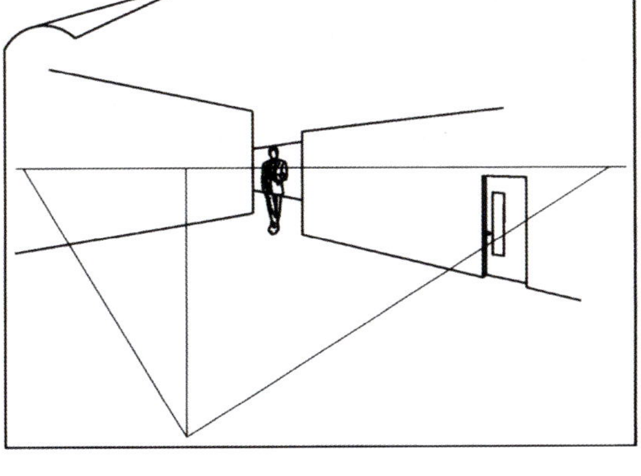

▶ 图 2–27　成角透视常见误区（5）

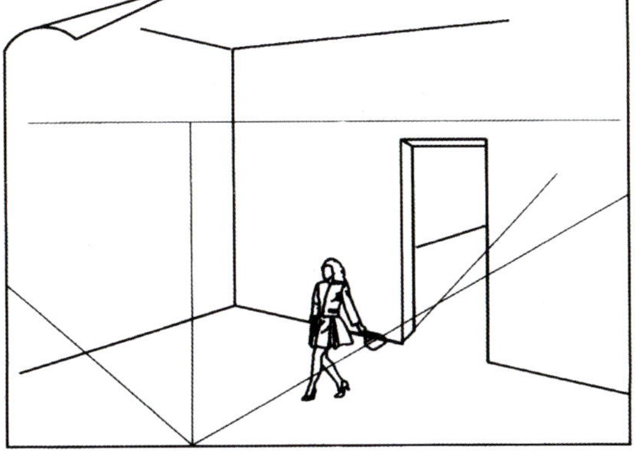

▶ 图 2–28　成角透视常见误区（6）

任务实训

任务一 平行透视图的绘制

任务要求

已知空间宽 5 m、进深 6 m、层高 3 m，采用平行透视法绘制该空间及家具的透视图。

数字资源

任务实施

实训一 用平行透视法绘制空间透视图

①按实际比例确定宽和高，绘成四边形 *ABCD*。令 *AB*=5 m，*AC*=3 m。然后利用测点 *M*（点 *M* 和灭点 V.P 任意定，但应令视高为 1.6 m），即可求出室内的进深（*Aa*=6 m），见图 2–29。

②从点 *M* 分别向点 1、2、3、4、5、6 画线与 *Aa* 相交的各点 1’、2’、3’、4’、5’、6’，即为室内的进深刻度点，见图 2–30。

③利用平行线画出墙壁与天井的进深分割线，然后从各点向点 V.P 引线，见图 2–31。

④擦除辅助点、线，完成图稿，见图 2–32。

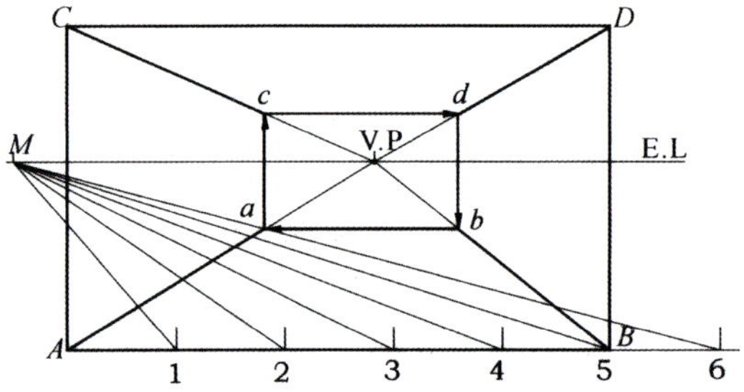

▶图 2–29 绘制步骤①

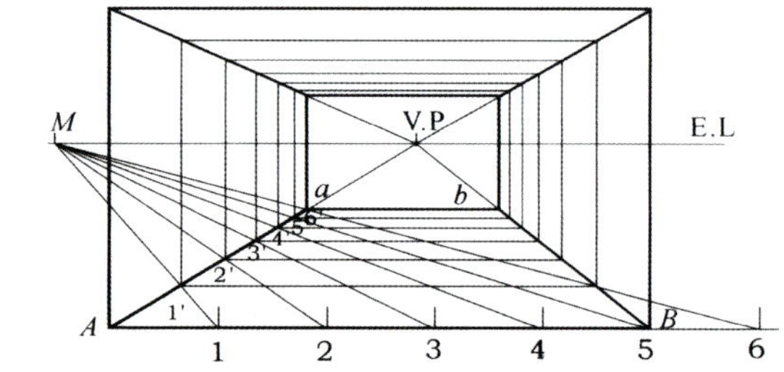

▶图 2–30 绘制步骤②

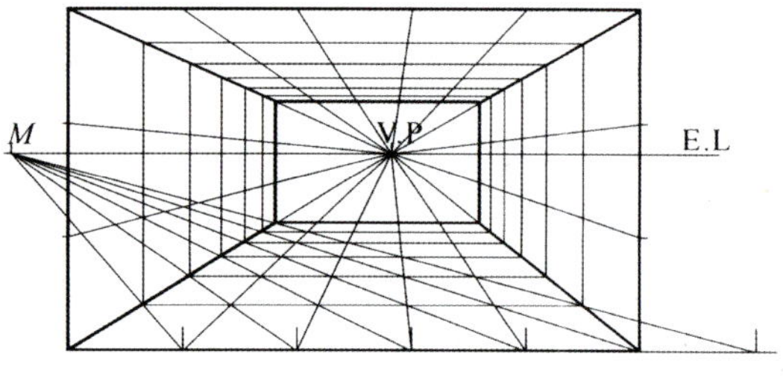

▶图 2–31 绘制步骤③

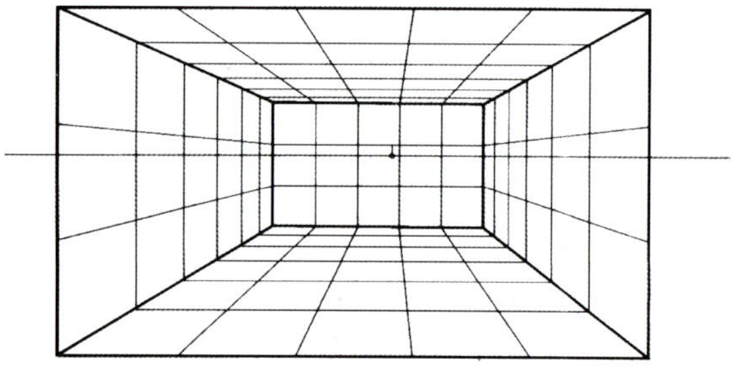

▶图 2–32 绘制步骤④

实训 2　用平行透视法绘制家具透视图

①用铅笔在平面图上轻轻画出以 1 m 为单位的网格，以确定房间的结构与家具的坐标，见图 2–33。

②依据平面图上家具的长、宽坐标点在地平面上确定好家具的摆放位置。在家具外形的转折点向上引出高度的垂直线，为求家具的高做准备，见图 2–34。

③在垂直的内墙角或墙面外侧标出高度的刻度点，由灭点向刻度点（家具的具体高）连线，与靠墙家具垂直线相交的点即表明该家具的透视高。不靠墙的家具则要将坐标点由地面向墙角作出平行线得一相交点，由相交点作向上垂直线与由灭点向刻度点（家具的具体高）的连线相交，得出高度点，再向家具垂直线方向作平行线与之相交，该交点就表明了该家具的透视高。用此方法将室内家具画成立方体状，见图 2–35。

④在家具大的形体（立方体状）绘制出来的基础上，可用对角线与中心线分割增值法等方法将家具形体细化，之后擦掉辅助线即完成室内透视图，见图 2–36。

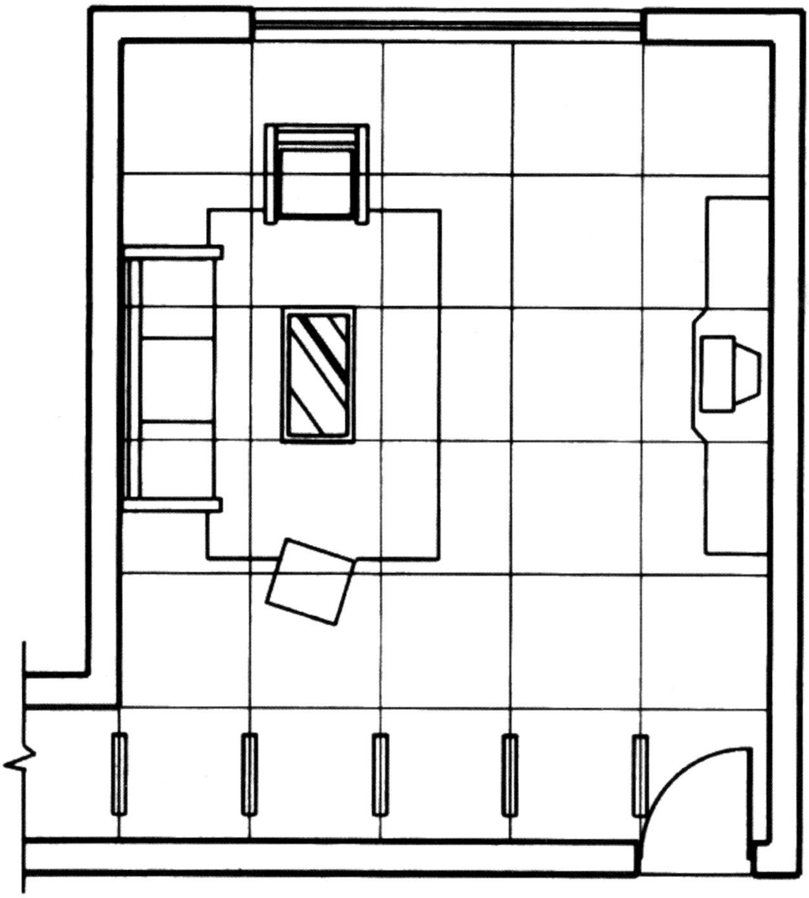

▶图 2–33　绘制步骤①

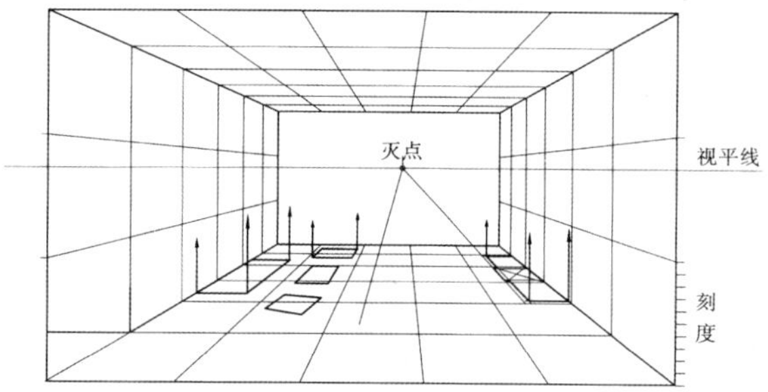

▶ 图 2-34　绘制步骤②

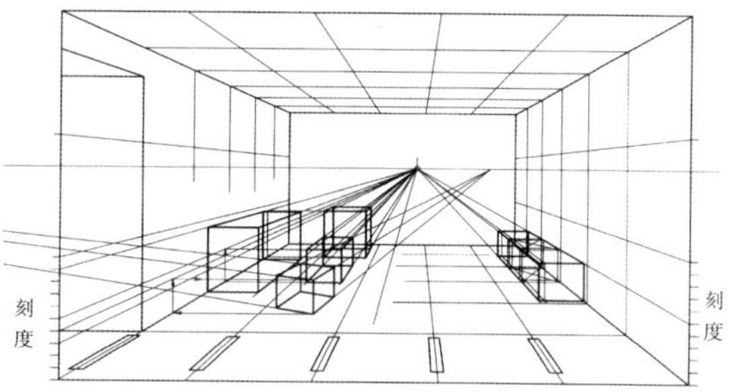

▶ 图 2-35　绘制步骤③

▶ 图 2-36　绘制步骤④

任务二　成角透视图的绘制

任务要求

已知空间长 5 m、宽 6 m、层高 3 m，采用成角透视法绘制该空间的透视图。

已知空间宽 5 m、进深 6 m、层高 3 m，采用成角透视法绘制该空间家具的透视图。

数字资源

任务实施

实训 1　用成角透视法绘制空间透视图

①按画面大小确定墙角线 H 的高度，再将墙角线 H 三等分，高为 3 m，该线也叫真高线。定视高为 1.6 m，再画 G.L 为刻度线，表示空间长 5 m、宽 4 m。在视平线上定两个测点 M_1、M_2，位置分别比长、宽略向内收一点即可。然后在视平线上定出两个灭点 V.P$_1$ 和 V.P$_2$，它们到墙角线的距离 $2a$、$2b$ 分别为两测点到墙角线距离的两倍以上，见图 2–37。

②由两个灭点分别经墙角线 H 上下两端绘出地角线和顶角线，再由两个测点各自经 G.L 刻度线来分割地角线，得出地角线的透视点。从两个端点 A、B 分别向上引出垂直线与顶角线相交，得出点 C、D，这样就形成了两个墙面，见图 2–38。

③由两个灭点分别经地角线的透视点，引出线条形成地面网格。同理，也可求出顶角线的透视点，画出顶面网格，见图 2–39。

④从地角线的透视点逐点向上引出垂直线与顶角线相交，再由两个灭点分别经墙角线 H 上的刻度点画出墙面网格，见图 2–40。

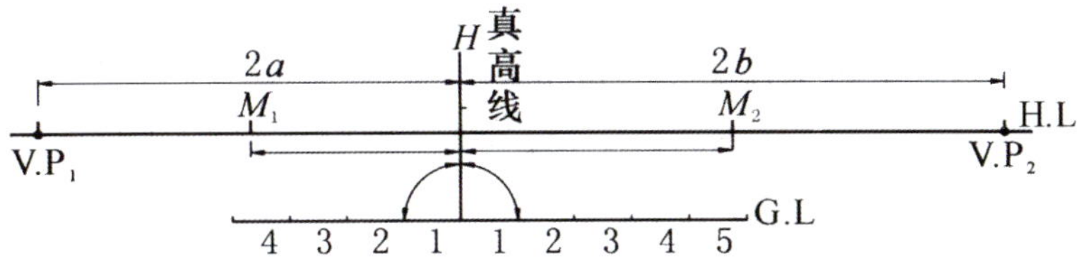

▶图 2–37　绘制步骤①

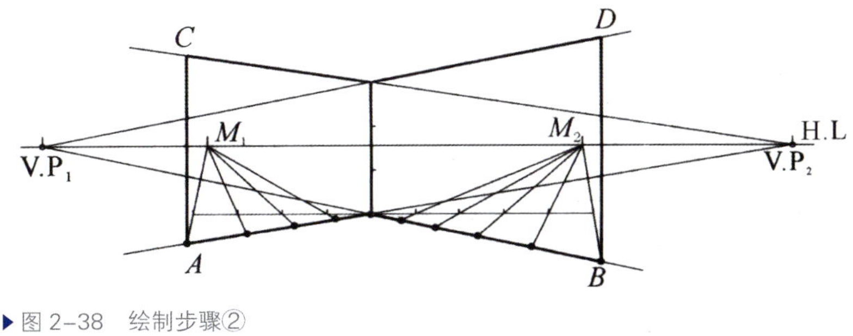

▶图 2–38　绘制步骤②

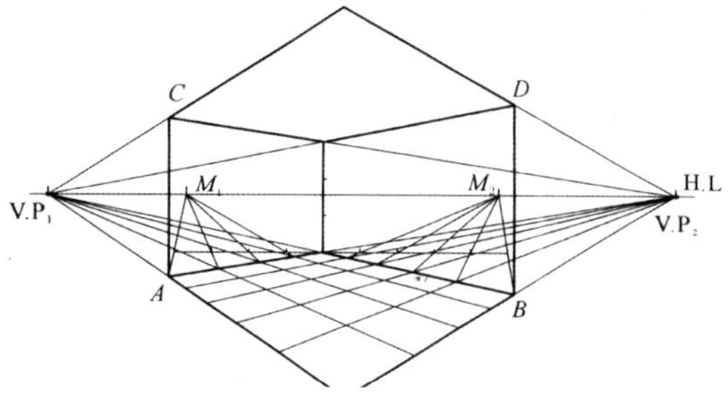

▶图 2-39 绘制步骤③

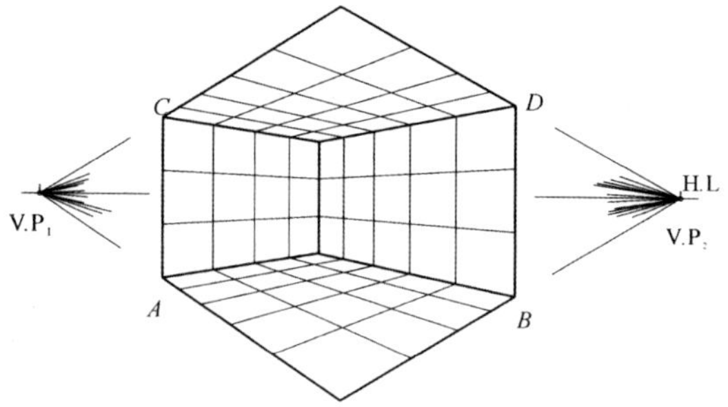

▶图 2-40 绘制步骤④

实训 2 用成角透视法绘制家具透视图

①用铅笔在平面图上轻轻画出以 1 m 为单位的网格，以确定房间的结构和家具的坐标，见图 2-41。

②确定好家具的摆放位置，见图 2-42。

③圆餐桌可先以立方体求透视高度，再用八点求圆法将圆画出，见图 2-43。

④擦去辅助线，完成成角透视图绘制，见图 2-44。

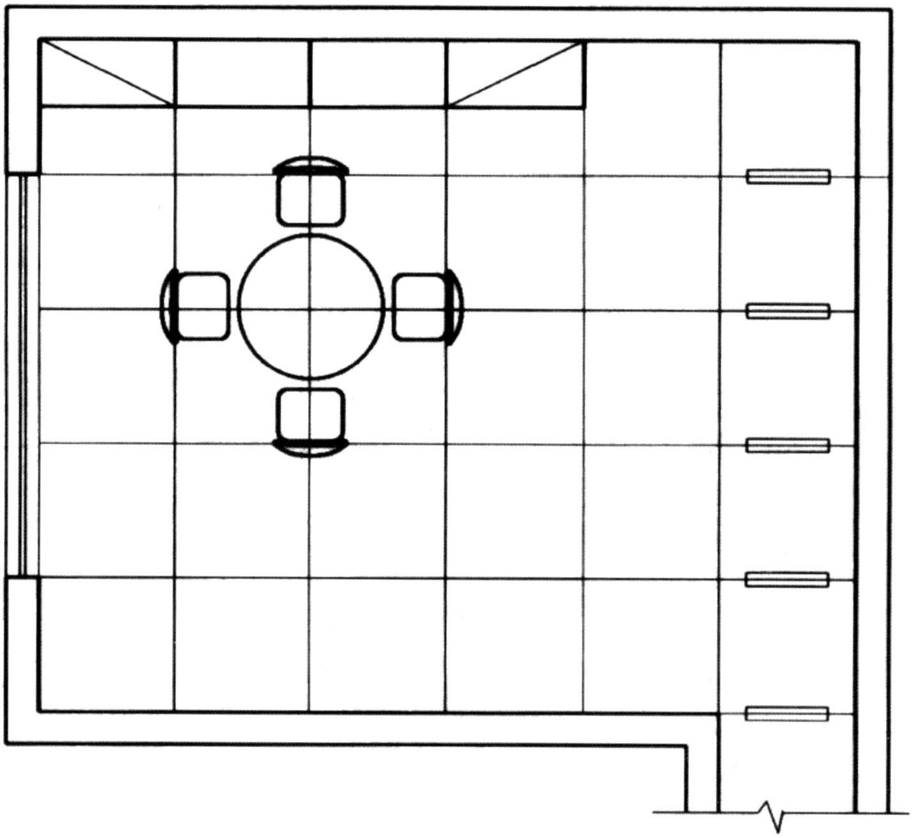

▶图 2-41 绘制步骤①

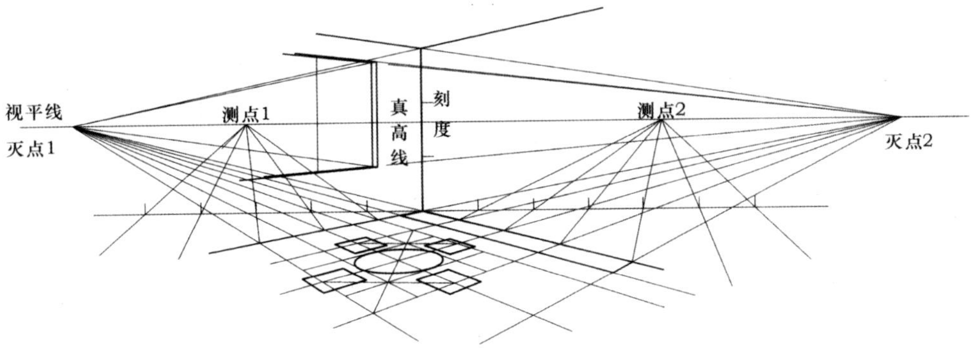

▶ 图 2-42　绘制步骤②

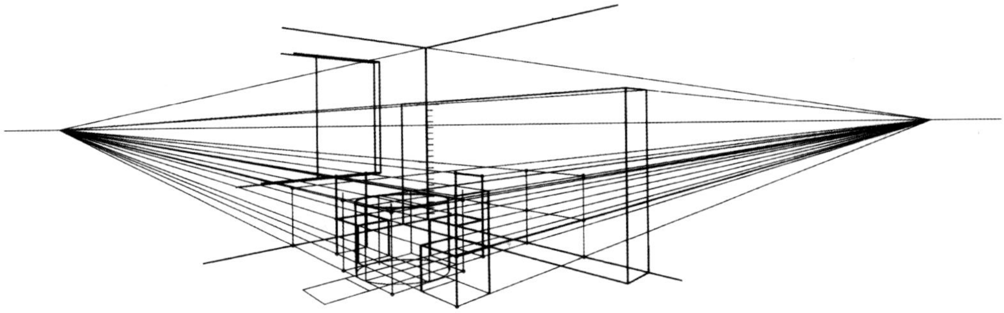

▶ 图 2-43　绘制步骤③

▶ 图 2-44　绘制步骤④

真题演练

绘制客厅的平行透视图

根据已知某客厅的平面图及立面图（图 2–45、图 2–46），完成客厅的平行透视图绘制。

绘制要求：透视正确、比例恰当、制图规范、绘制工整。

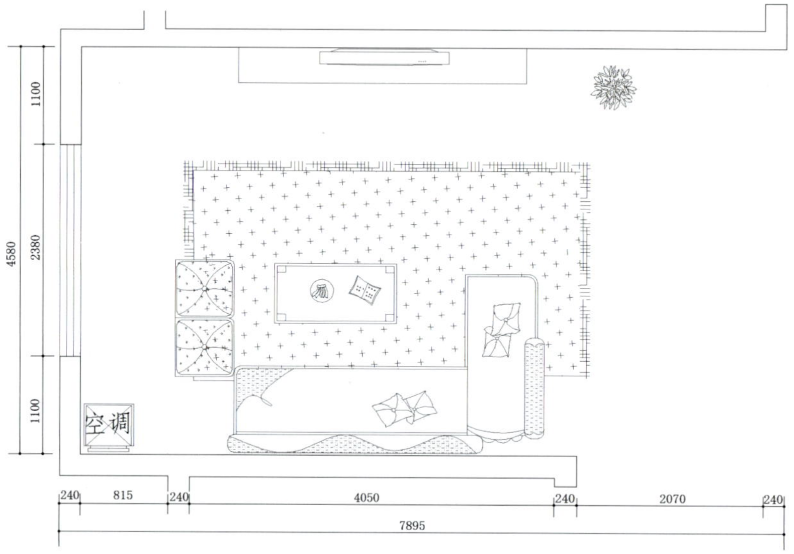

▶图 2–45　客厅平面图

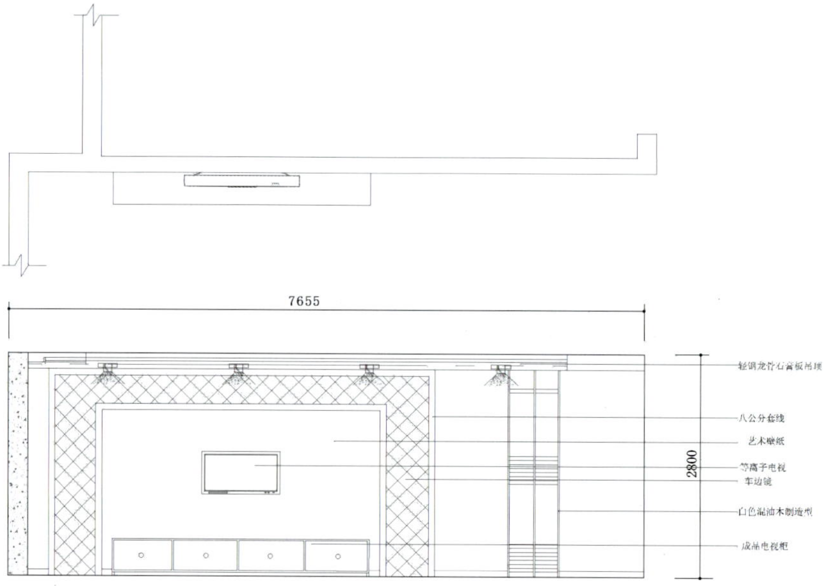

▶图 2–46　客厅电视背景墙立面图

核心知识小结

1. 平行透视

平行透视也称一点透视，它的表现范围广，有较强的纵深感，适合表现庄重、严肃的室内空间。平行透视的特征：只有一个灭点在画面内；水平线永远水平、不变形，只有远近大小的变化；垂直线永远垂直、不变形，只有远近大小的变化。

2. 成角透视

成角透视也称两点透视，它的画面效果比较自由、活泼，对空间的反映比较接近人的真 实感觉。成角透视的特征：有两个灭点消失在同一视平线；垂直线永远垂直；所成角度的和为 90° 。

练习思考

1. 平行透视图绘制有哪些常见误区？
2. 成角透视图绘制有哪些常见误区？

学习评价

项目自评、互评及导师评价表

专业：			班级：	学生：		指导老师：
序号	评价维度	分值	评价内容	学生自评（20%）	学生互评（20%）	教师评价（60%）
1	知识掌握	20 分	理解核心理论（如透视原理、光影规律、材质特性等），能准确回答理论问题，能通过草图或文字说明设计思路			
2	技能应用	40 分	线条流畅，透视准确；色彩搭配协调，过渡自然；材质表现真实，细节刻画到位；空间层次分明，比例合理			
3	创意表现	20 分	构图新颖，设计有独创性，艺术感染力强，具有个性化表达效果			
4	工具使用	10 分	熟练操作马克笔、彩铅等工具，工具维护规范，作画效率高			
5	职业态度	10 分	按时提交作品，积极参与讨论，主动优化修改，团队协作与沟通			
合计得分						
学生自评总结：						签名：
同学互评建议：						签名：
教师评语与改进要求：						签名：

03

项目三

室内手绘线稿表现

学习目标

知识目标

掌握手绘线稿的透视原理、线条类型及质感表现方法，理解空间构图与比例关系，熟悉不同家具结构的绘制技巧，明确客厅、卧室线稿的差异化表现要点及步骤规范。

能力目标

能独立完成从起稿到成图的全流程线稿绘制，熟练运用线条疏密变化塑造光影层次，精准控制透视与比例，将平面图纸转化为立体空间线稿表达。

素质目标

强化空间逻辑思维与动态观察能力，养成手绘表达的专业严谨性，培育对设计细节的敏感度，在反复实践中形成沉稳专注的职业习惯与抗压韧性。

思政目标

通过传统线描艺术与当代设计结合，增强文化传承使命感；以“慢工出细活”的态度打磨线稿，培养敬业、精益、专注的新时代工匠精神。

岗位要求

符合室内设计师岗位基础技能标准，能运用手绘线稿进行方案推敲、现场勘测记录及概念汇报，协同团队完成项目前期可视化沟通，适配设计公司快节奏提案需求。

思维导图

项目导入

从方案草图到设计深化，手绘线稿贯穿室内设计全流程，是设计师快速表达空间构思的核心语言。本项目围绕室内手绘线稿的表现方法、绘制顺序、表现要点、作画步骤，以客厅、卧室场景为载体，帮助学生掌握从基础线稿到完整效果图的进阶技法，培养学生快速捕捉空间关系、精准传递设计意图的专业表达能力，为方案推敲、客户沟通提供精准的可视化支撑。

思考

客厅与卧室效果图线稿的空间尺度表现要点有何异同？在表达上需分别注意哪些关键要素？

知识链接

数字资源

一 手绘线稿表现方法

手绘效果图线稿在室内手绘表现中扮演着非常重要的角色，手绘效果图线稿是设计师表达设计构思和想法的初步形式。手绘设计师通过线稿绘制，可以迅速地将脑海中的设计概念、空间布局、家具摆放等快速在纸面上呈现出来，构成手绘效果图的框架和基础，如图3-1~图3-4所示。

线稿的表现方法主要包括以下几个方面。

（一）线条的表现

线条是手绘效果图线稿的基本单位。不同的笔绘出的线具有不同的个性和特点，画线力度的轻重、速度的快慢、起笔和收笔的方式以及线的组织和编排等也将形成鲜明的个性特点和表现效果。

线条的分类包括长线、短线、弧线、圆线、组合线等。这些线条在绘制时需要注意握笔姿势和运笔技巧。

线条的表现还要注意快线和慢线的区分，快线两头重中间轻，快速画出；慢线粗细一致，慢慢画出。在绘制线稿的不同部位和面对不同需要时，应选择合适的线条类型进行表现，达到较理想的表现效果。

（二）透视的理解和运用

在手绘效果图线稿中，透视是表现空间感的重要手段。通过运用透视原理，可以形成空间的进深感，使画面更具立体感。

在绘制过程中，需要准确把握近大远小、

思政之窗

胸有成竹

北宋著名画家文同，长年累月地对竹子作了细微的观察和研究，竹子在春夏秋冬四季的形状有什么变化；在阴晴雨雪天，竹子的颜色、姿势又有什么两样；在强烈的阳光照耀下和在明净的月光映照下，竹子又有什么不同；不同的竹子，又有哪些不同的样子，他都摸得一清二楚。所以画起竹子来，根本用不着画草图。有人称赞文同画竹时“胸中有成竹”，意思是画竹子时心里已有一幅竹子的形象，后人用“胸有成竹”来比喻做事之前已经有通盘的考虑。

“胸有成竹”强调落笔前需成竹在胸、谋定后动。在室内手绘线稿表现中，这一智慧体现为对空间结构的深刻理解与整体把控：线条的疏密取舍源于对透视规律的透彻认知，构图的虚实平衡依托于对功能逻辑的缜密推演。真正的“精准”并非机械复刻，而是以全局思维提炼空间本质，将理性分析与艺术直觉相融合，方能使线稿既有骨架之刚，又显气韵之活。

▶图 3-1　室内手绘线稿练习（1）

▶图 3-2　室内手绘线稿练习（2）

▶图 3–3　室内手绘线稿练习（3）

▶图 3–4　室内手绘线稿练习（4）

近疏远密的空间透视关系，确保线条的透视和空间的结构关系准确。

（三）明暗关系的处理

在手绘效果图线稿中，明暗关系的处理也很重要。线稿绘制的用线深浅、强弱要根据物体的受光关系和主次有所区别，做到层次分明，主次有别。在确定好画面中的光源和受光方向后，可以对主要物体进行明暗效果的绘制，使画面重点突出，效果良好。

（四）几何体的练习

室内场景中任何看似复杂的结构、造型，我们都可以化繁为简，将它们视为几何体，或者由多个几何体结合或穿插构成的物体，这样有助于我们更好地理解和绘制室内场景。这些几何体包括正方体、长方体、球体、圆柱体、圆锥体等，是手绘效果图练习中的关键内容。练习几何体的绘制，可以帮助我们理解和掌握不同形状物体的结构关系和透视规律，为绘制更复杂的室内场景打下基础。

二 | 手绘线稿绘制顺序

在进行线稿绘制之前我们首先需要了解手绘效果图的相关知识，明确绘制要点和绘制步骤。从效果图绘制顺序上来说，手绘效果图的线稿表现主要分为准备阶段、基本框架绘制阶段、家具和细节绘制阶段以及线稿完善阶段，下面逐一进行说明。

（一）准备阶段

在准备阶段我们首先要进行的工作是收集资料，了解需绘制方案的基本情况，包括室内空间的结构、尺寸、家具布局等信息，并对设计理念和风格进行深入分析和提取。

此外，我们还需要选择效果图线稿绘制中所要使用的工具和材料，选择适合的绘图工具，如铅笔、针管笔、纸张等，确保它们能够清晰、准确地表达设计思路。根据所选材料，我们要对最终的表现效果有个大致的预期。

（二）基本框架绘制阶段

在基本框架绘制阶段，我们正式开始效果图线稿的绘制。首先，我们需要确定透视：根据室内空间的实际情况，选择平行透视、成角透视或倾斜透视方式，并确定视平线和消失点。

然后用线条绘制出室内空间的基本框架，如空间中的顶面、地面和从视角能看到的围合面。绘制空间中的主要框架，包括墙壁、门窗、天花板等的大致结构和造型。

此阶段的绘制，需要明确空间比例，确保绘制的空间比例与实际情况相符，避免画面出现失真或变形的情况。

（三）家具和细节绘制阶段

在上一阶段我们已经完成了线稿的大致框架结构绘制，在家具和细节绘制阶段我们开始绘制空间中的家具和装饰细节。根据设计方案，绘制出家具的基本形状和位置，注意家具的比例和透视关系，使其与空间框架相协调。

家具的比例和位置确定之后，我们要在此基础上为其添加细节。细节是指目标风格的家具造型和装饰细节等，还有空间表现中其他所需的细节元素，如灯具、装饰品、植物等。这些细节元素能够丰富画面的层次感和视觉效果。

（四）线稿完善阶段

来到线稿完善阶段，线稿已经具备了大致效果，我们需要对画面的主次再次进行梳理。例如，加粗主要线条，使用粗线条强调空间的主要结构和家具的形状，使其更加突出和清晰；对细节线条进行微调，确保它们与主要线条相协调，增强画面的整体感。仔细检查整体线稿，确保没有遗漏或错误。如有需要，可进一步进行修改和完善。

通过改变线条的粗细、密度和方向，表现出不同材质的质感。例如，粗糙的材质可以使用较粗、较短的线条来表现，而光滑的材质则可以使用较细、较长的线条来表现。在需要表现材质纹理的地方，可选择性地添加一些细节线条或纹理元素，如木质纹理、石材纹理等，这些纹理的添加能够增强画面的真实感和质感。

最后，在画面中根据光源的位置和方向，为家具等细节元素添加阴影，增强画面的立体感和深度。此外，通过调整线条的粗细和密度调整画面明暗关系，根据需要表现不同的灰度层次，营造出室内的明暗关系和光影效果。

延伸阅读

线描

线描是中国画表现技法的一种。线描作为一种方法，滥觞于史前时期的原始岩画、壁画及彩陶绘画创作。在先秦及秦汉时代，绘画以线条勾勒，已成为基本造型方法。但线描作为一种法式则出现于三国两晋以后，而其标志是曹不兴、顾恺之等人创立描法，将绘画造型中的线条加以规范，使其成为真正的绘画技法。其后，唐初吴道子将描法进一步发展，其所创的兰叶描拓展了描法的形态。至明代，邹德中《绘事指蒙》将描法加以总结，称“古今描法一十八等”，对曹不兴、顾恺之以来的描法以形象的归纳并命名，对以后描法的发展有一定的促进作用。

数字资源

三　手绘线稿表现要点

手绘效果图线稿表现要点包括：画面布局与透视的选择、比例正确与绘制准确、画面的主次处理、阴影和明暗的处理、画面工整和工作台面整洁等。掌握这些要点并不断练习和实践，可以逐渐提高手绘效果图的表现力和艺术水平。

（一）画面布局与透视的选择

在开始绘制效果图线稿之前，要先规划好画面的布局和视角，这样能确保画面的整体效果，合理的布局能使绘画过程更加顺畅和高效。然后，需要选择合适的透视效果，来创造具有深度感和真实感的空间，使画面更加立体生动。一般来说，平行透视或成角透视是绘制室内效果图最常用的透视。

（二）比例正确与绘制准确

在绘制室内效果图线稿时要明确空间各界面以及家具和饰品之间的比例关系，以确保画面的准确性和真实感。线稿是手绘效果图的基础，因此，线稿的准确性至关重要。要仔细观察并准确地捕捉对象的形态和结构，用流畅而精确的线条将其描绘出来。

（三）画面的主次处理

绘制效果图线稿时，还需要调整画面线条的强弱关系，通过加重线条或在关键区域添加更多细节，来强调设计的重点，引导观者的注意力，突出设计的核心要素。可以使用不同深浅和粗细的线条来表达画面的细节和质感。较粗或较重的线条可以强调主体结构和某些元素，而较细或较轻的线条则可用于描绘细节或营造柔和的氛围。对设计主体物的细节描绘（包括纹理、质感和细部装饰等描绘），可以使画面更加生动逼真。

（四）阴影和明暗的处理

通过添加阴影和明暗对比，可以增加画面的立体感和深度。阴影可以表达光源的方向和强度，而明暗对比则可以突出画面的重点或营造特定的氛围，使线稿效果更加强烈、逼真。

（五）画面工整和工作台面整洁

在绘制过程中，要保持画面的干净和工整，这需要绘制者熟练掌握绘制流程，按照绘制步骤进行线稿的绘制。工整的作品能增强画面的美感和视觉效果，也可以提高绘画效率和质量。此外，我们还需要关注工作台面和工作环境的整洁，在完成线稿绘制后对工作台面和周边环境进行整理，做到符合操作规范要求，并形成良好的职业素养。

四 手绘线稿作画步骤

（一）画面规划与透视选择

首先我们要明确所绘制的效果图线稿的空间类型和透视类型。在绘制初期要对画面布局进行规划。室内效果图表达常用的透视类型有平行透视、成角透视和倾斜透视，而平行透视是最容易掌握的，初学时可以以此入手。

（二）视平线、视点和框架的绘制

接下来，我们要确定画面的视平线的高度和视点的位置，这对于线稿的绘制和效果图最终的呈现是非常重要的。视平线最适宜设置在画面一半至画面靠下三分之一处之间，画面的视点即消失点位于视平线上。然后，开始绘制效果图的大致框架，绘制要点包括顶面、地面以及从视角所能看到的围合面的具体比例及大小。

（三）家具定位及家具外形轮廓绘制

在效果图线稿的地面区域，对主体家具按照合适的比例及大小绘制其正投影轮廓，完成家具定位绘制。再根据视平线高度和家具的长宽比例，完成家具和陈设高度的绘制，确定主体家具的轮廓形状，进一步完善外形轮廓。

（四）家具内部轮廓与细节刻画

按透视关系刻画主体家具轮廓、结构、装饰细部和材质。完善家具细节，并按照画面需要进行主体材质的刻画，打造生动逼真的视觉效果。注意阴影线条在不同面上的画法，阴影重的地方线条密集，反之则稀疏，亮面适当留白。

（五）各界面的造型绘制

对空间中的顶面设计（顶面结构、吊顶样式、灯具排布等）、地面造型和立面造型进行绘制，完成效果图所表现的空间中各界面造型设计的绘制。

（六）投影与明暗关系处理

根据室内空间的结构，确定室外光源方向，结合顶面照明，对场景中家具的明暗关系（受光效果、投影方向）进行刻画，加强画面的立体感，突出画面的重点和主体。

（七）细节检查与完善

检查画面的比例和透视、家具结构及细部塑造、光影效果等，确保画面透视准确、线条流畅、表现强弱得当，根据需要对线条进行细化或加粗，强调重点部分。

在整个效果图线稿作画过程中，要注意线条的流畅性和设计的整体感。手绘效果图线稿是设计表达的基础，需要反复练习和积累丰富经验才能不断提高。

任务实训

任务一　客厅效果图线稿绘制

任务要求

数字资源

某装饰公司做了一个新中式风格的家居空间客厅设计方案，客户对象为一家三口。方案在设计上融合传统中式元素与现代设计理念。在空间布局上，采用对称式的布局方式，以营造空间的平衡与和谐。在立面设计上，采用实木、金属线条和大理石等材质，彰显设计方案的人文气息。在顶面设计上，采用悬浮吊顶和无主灯设计，使整体空间更具现代气息。

请根据相关信息，完成该方案客厅效果图线稿的绘制。

任务实施

设计初期要先选择合适的视角和透视进行效果图线稿的绘制表现，在该方案设计中，我们选用一点透视进行绘制表现。

①确定视平线、消失点（图 3–5）。

②绘制空间的框架，即顶面、地面、墙面（图 3–6）。

③确定画面中主体家具的大致范围（最外点）（图 3–7）。

④从大型家具（沙发、电视机柜等）开始绘制，确定其底面的位置、大小（图 3–8）。

⑤根据确定的家具底面，绘制家具的高度及家具轮廓（图 3–9）。

⑥绘制空间内的其他物品和细节（图 3–10）。

⑦绘制各个界面的造型（图 3–11）。

⑧细化空间装饰，绘制细节元素（图 3–12）。

⑨处理投影与明暗关系，调整、完善画面（图 3–13）。

▶图 3–5　视平线和消失点绘制

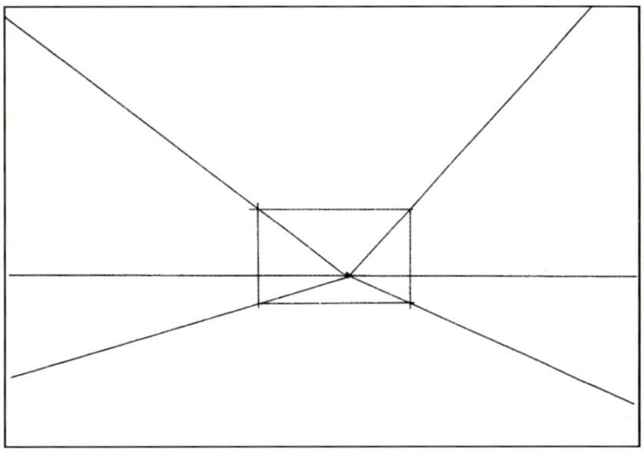

▶图 3–6　框架绘制

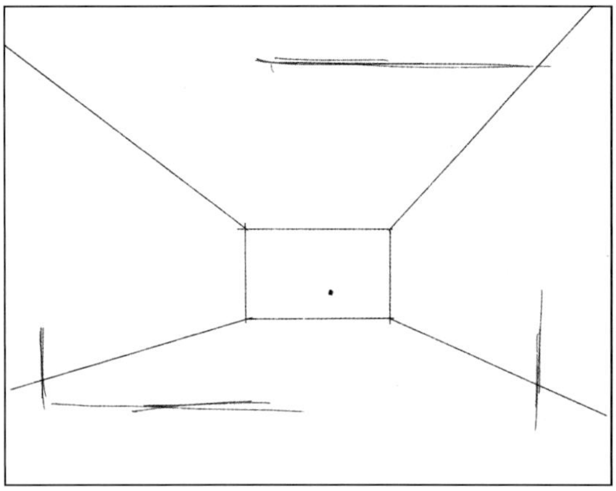

▶ 图 3–7　画面范围绘制

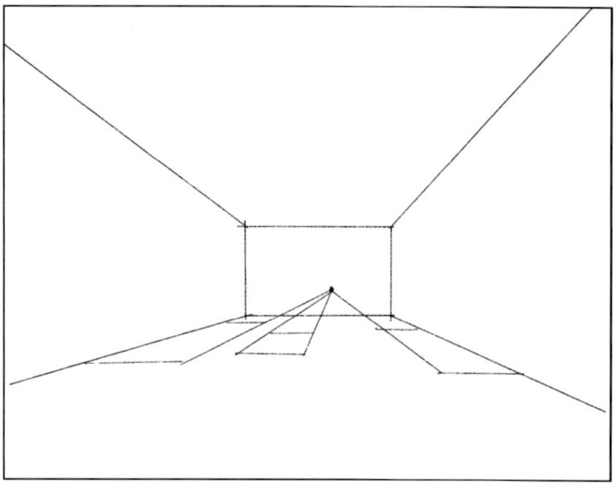

▶ 图 3–8　主体家具底面绘制

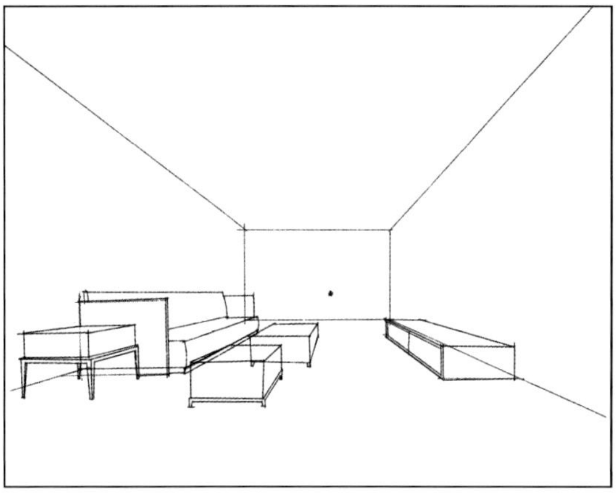

▶ 图 3–9　主体家具轮廓绘制

▶ 图 3–10　其他物品绘制

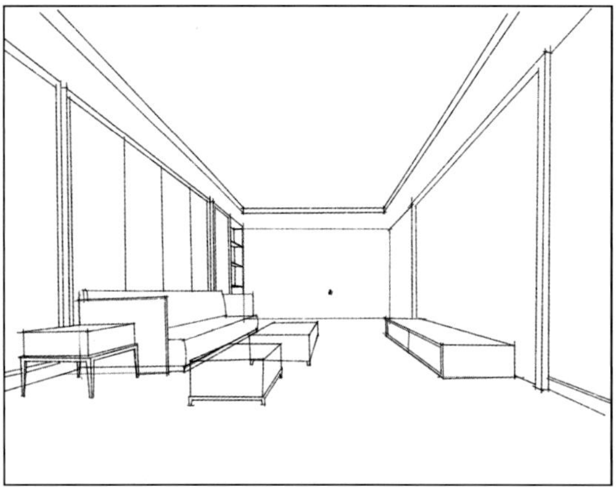

▶ 图 3–11　各界面造型绘制

▶ 图 3–12　细节绘制

▶图 3-13　明暗效果绘制

任务二　卧室效果图线稿绘制

任务要求

卧室空间在布局上以床为中心，还需兼具收纳和梳妆等功能。衣柜、收纳柜、梳妆台、床头柜是卧室空间中常见的家具，一般情况下以床为中心对称进行摆放。卧室空间陈设应尽可能简洁实用，墙立面上除了必要的装饰，通常还会采用整墙大衣柜设计，以取得空间最大化的视觉效果。此外，在照明设计上，卧室灯光应安排主体照明（主灯光）、辅助照明（阅读灯、夜灯）和装饰照明（灯带）。

请根据相关信息，完成一幅新中式风格卧室效果图线稿的绘制。

任务实施

①确定视平线、消失点，绘制卧室空间框架（图 3–14）。

②绘制卧室主体家具底面（图 3–15）。

③绘制卧室主体家具轮廓（图 3–16）。

④绘制卧室各立面造型及装饰细节元素（图 3–17）。

⑤绘制卧室明暗效果，完善画面细节（图 3–18）。

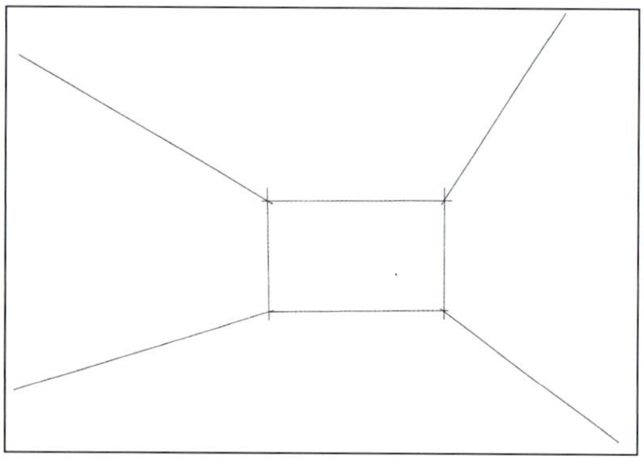

▶ 图 3–14　框架绘制

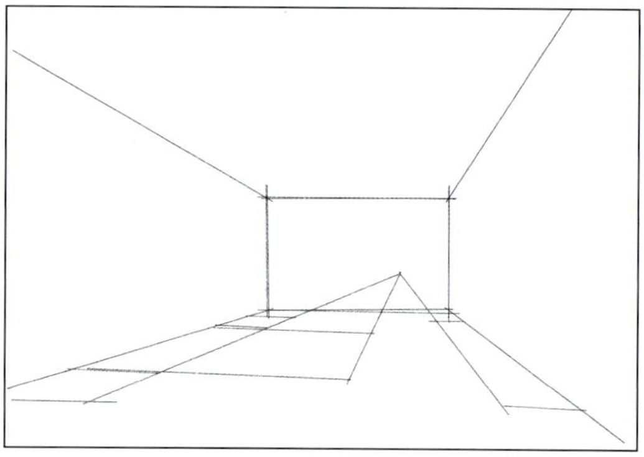

▶ 图 3–15　家具底面绘制

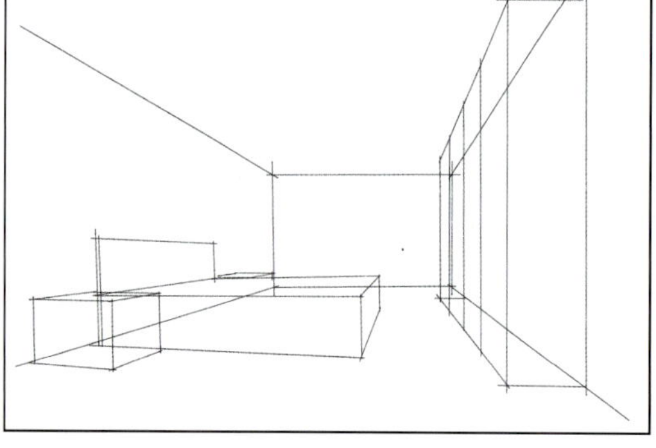

▶ 图 3–16　家具轮廓绘制

▶ 图 3–17　装饰细节绘制

▶ 图 3–18　明暗效果绘制

竞赛知识

2023 年全国院校室内设计技能大赛总决赛（高职组）

设计内容：“梵高星月夜”社区儿童活动中心设计

设计背景：在“双减”政策背景下，以“梵高星月夜”为主题，通过主题装饰手法，为社区 6~9 岁儿童提供一个集涂鸦、画画、手工、交流于一体的多功能空间，让儿童在学习和成长过程中感受到关爱与陪伴，活动中心内功能设置以及分区方式由选手自定。

本空间为框架结构，墙体均为加气混凝土砌块砌筑，面积约为 225 m^2，层高 6500 mm，梁高 500 mm，宽 300 mm，楼板厚 100 mm，外门高 2400 mm，窗台距地面 900 mm，窗高为 3000 mm，柱子尺寸均为 700 mm × 700 mm。

任务：

（1）根据指定主题，形成两个设计概念。根据每个设计概念，以手绘草图形式完成概念推导草图、平面布局草图，共使用 A3 绘图纸两张（每个设计概念需绘制的概念推导草图、平面布局草图共用一张 A3 绘图纸）。

（2）选定其中一个设计概念和平面布局草图，以手绘形式完成立面布局草图、空间方案草图各一张（各使用 A3 绘图纸一张，共两张）。

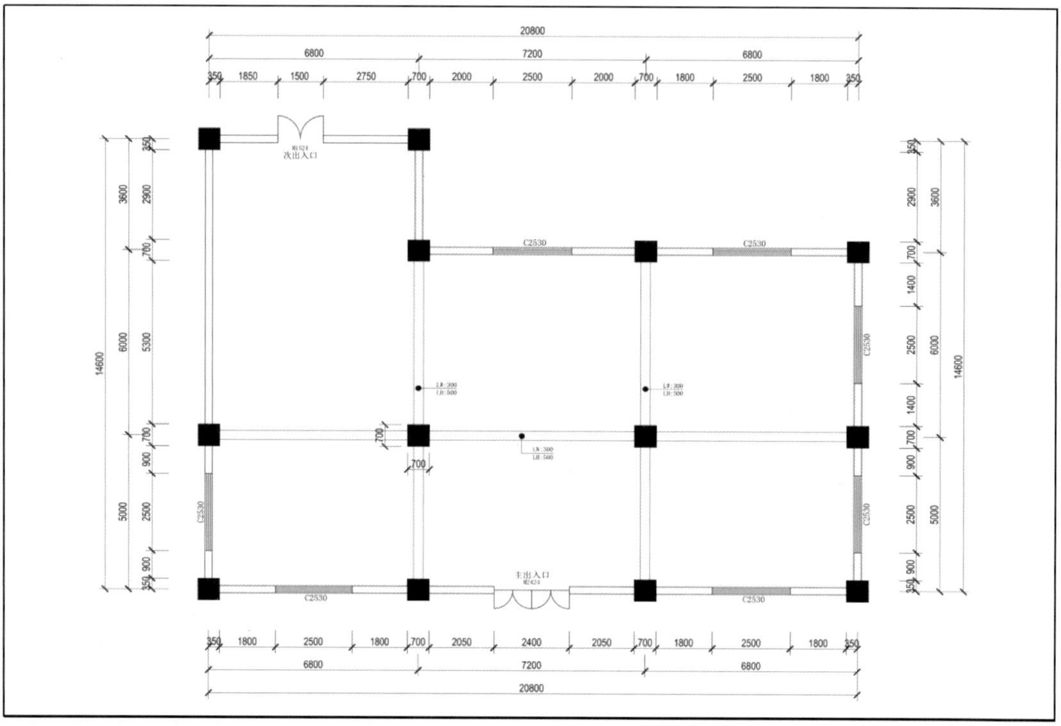

▶图 3-19　建筑框架图

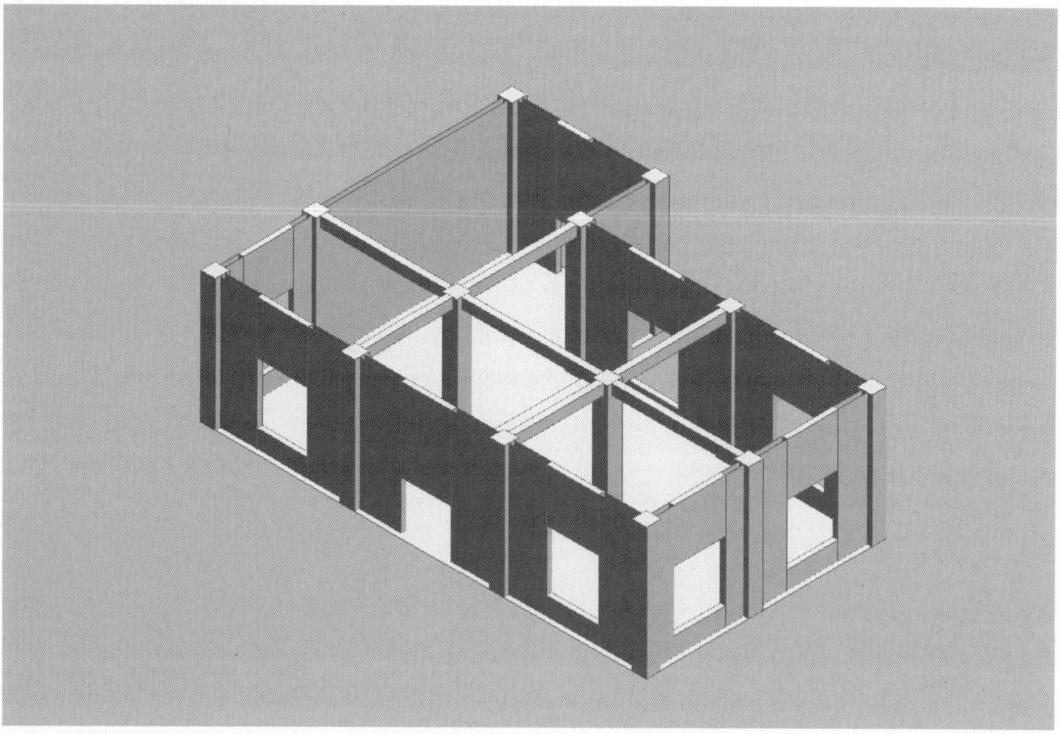
▶图 3-20　空间模型图

核心知识小结

1. 线稿表现要点

画面布局与透视的选择；比例正确与绘制准确；画面的主次处理；阴影和明暗的处理；画面工整和工作台面整洁。

2. 线稿作画步骤

画面规划与透视选择；视平线、视点和框架的绘制；家具定位及家具外形轮廓绘制；家具内部轮廓与细节刻画；各界面的造型绘制；投影与明暗关系处理；细节检查与完善。。

练习思考

1. 如何用线条进行空间表现？

2. 室内手绘线稿绘制的顺序是怎样的？

学习评价

项目自评、互评及导师评价表

专业：			班级：	学生：	指导老师：	
序号	评价维度	分值	评价内容	学生自评（20%）	学生互评（20%）	教师评价（60%）
1	知识掌握	20 分	理解核心理论（如透视原理、光影规律、材质特性等），能准确回答理论问题，能通过草图或文字说明设计思路			
2	技能应用	40 分	线条流畅，透视准确；色彩搭配协调，过渡自然；材质表现真实，细节刻画到位；空间层次分明，比例合理			
3	创意表现	20 分	构图新颖，设计有独创性，艺术感染力强，具有个性化表达效果			
4	工具使用	10 分	熟练操作马克笔、彩铅等工具，工具维护规范，作画效率高			
5	职业态度	10 分	按时提交作品，积极参与讨论，主动优化修改，团队协作与沟通			
合计得分						
学生自评总结：					签名：	
同学互评建议：					签名：	
教师评语与改进要求：					签名：	

模块二

室内手绘空间表现

模块导读

本模块以“技法进阶—实战提速—数字赋能”为脉络，带领学习者系统掌握室内空间表现的多元技法，构建从传统手绘到数字媒介的全方位表达能力。项目四夯实基础技法，通过钢笔速写的线条韵律、淡彩渲染的温润质感、彩铅叠加的细腻层次、马克笔块面的明快节奏，培养空间形态的立体塑造能力。项目五转向效率与实践，解析快速表现的构图法则与概括逻辑，通过真实案例解析与快题设计训练，锤炼设计思维与快速表达并重的职业素养。项目六顺应数字时代趋势，以 iPad 为媒介，结合 Procreate 软件操作，探索数字手绘的高效工作流程与艺术表现可能。本模块既注重传统技法的审美积淀，又强调现代工具的实战应用，通过多维度的训练体系，助力学习者在方案构思与视觉呈现间架起自由穿梭的桥梁，最终实现从技法模仿到个性化表达的蜕变。

04

项目四

手绘空间表现技法

学习目标

知识目标

掌握钢笔速写的点、线表现，理解钢笔淡彩、彩铅、马克笔的工具特性与叠加技巧，熟悉不同材质的视觉表达逻辑及效果图色彩搭配规律，掌握不同工具在空间表现中的适用场景与组合方法。

能力目标

能够快速捕捉空间结构完成钢笔线稿，灵活运用淡彩渲染光影氛围；熟练结合彩铅细腻刻画与马克笔块面塑造，精准模拟材料肌理；具备运用综合技法完成室内效果图的能力，确保比例准确、色彩协调，适应方案快速调整的需求。

素质目标

强化空间尺度感知力与色彩审美判断力，养成严谨的制图习惯与工具收纳意识；培养创新思维，在技法融合中形成个人风格；树立质量优先观念，提升应对设计修改的耐心与抗压能力。

思政目标

以手绘为载体传递“中国设计美学”，增强文化主体意识；倡导“精益设计”理念，减少环境污染与资源浪费；强化职业道德，严守图纸原创性与版权规范；践行设计服务民生、艺术赋能生活的价值观。

岗位要求

胜任室内设计师、效果图绘图员等岗位，能独立完成手绘方案深化与效果图提案；熟练运用彩铅、马克笔等技法进行方案可视化表达，满足客户即时沟通需求；具备项目全流程把控能力，适应高强度协作与快速迭代的行业环境，遵守行业制图标准与团队协作规范。

思维导图

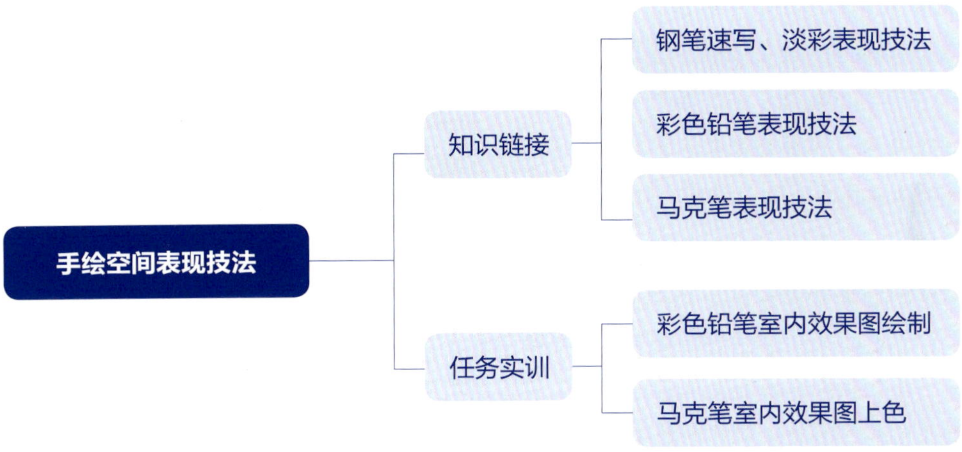

项目导入

手绘表现是室内设计师将创意转化为视觉方案的核心技能。本项目聚焦室内空间表现技法，系统解析钢笔速写、淡彩、彩铅与马克笔的多元表现方式。从钢笔线条的疏密节奏奠定空间框架，到淡彩铺色构建光影基调；从彩铅叠色模拟织物与木纹的细腻质感，到马克笔快速铺陈现代材质的硬朗笔触——本项目通过“线稿结构—单色塑造—综合着色”的三阶训练，串联工具特性与空间表现逻辑。让学生通过不同空间案例的对比，学习发挥不同工具的特性表现光影层次与空间氛围，理解技法与空间气质的适配关系，实现设计思维与表现技法的双向提升。

思考

如何通过工具叠加技法强化不同空间材质的视觉特征？如何通过工具组合技法突显不同空间的功能性与情绪表达？

知识链接

一 钢笔速写、淡彩表现技法

速写是造型艺术基础训练中不可或缺的一环。由于钢笔笔尖的金属属性及锐度，钢笔速写主要突出其坚硬、爽朗、明确、流畅的线条特征，绘制的画面效果干净、清脆、响亮。

钢笔速写表现中，常用线描的方法来表达空间的构想，并用线的粗细、强弱等对比来明确表达对象的形体关系，加强空间变化。

钢笔淡彩是钢笔与马克笔或水彩结合，利用钢笔勾画出空间结构、物体轮廓，运用淡雅的颜色体现画面色彩关系的表现技法。

钢笔淡彩现在用马克笔与钢笔速写或钢笔画结合较多，有时也用水彩和钢笔画结合，画面效果淡雅清新。

（一）钢笔速写表现技法

钢笔速写是成功室内设计师的基本功之一。钢笔速写由于所用工具简单，便于携带，绘制方便，有着其他技法无法相比的便捷快速的表达特点，所以被设计师们广泛运用。钢笔速写表现主要是线稿，线稿是手绘效果图造型的重要基础。

钢笔速写通过钢笔线条自身的变化和巧妙组合达到作画的目的。其特点是用笔果断肯定、线条刚劲流畅、黑白调子对比强烈，对所画事物既能作精细入微的刻画，也能概括出物体的典型特征，生动灵活地再现物体。

1. 钢笔速写的技法特点

钢笔速写，以骨法用笔、刚柔秀美的线条造型及清晰明快的墨迹笔痕，给人留下难忘的回味，带来美的艺术享受，又因墨水画线易保存、不脱色的优点，深得人们的青睐。

具体来说，钢笔速写具有以下特点：画面比较硬朗；画面调子简单；画面黑白对比强烈；线条粗细变化丰富，大胆流畅。

思政之窗

画龙点睛

传说梁代张僧繇在金陵安乐寺壁上画了四条龙，不点眼睛，说点了就会飞走。听到的人不相信，偏叫他点上。刚点了两条，就雷电大作，震破墙壁，两条龙乘云上天，只剩下没有点眼睛的两条。“画龙点睛”被用于形容作画时在关键地方加上精彩的几笔，使画面更加生动传神。

“画龙点睛”的典故启示我们，艺术的灵魂在于对关键细节的精准把握。在手绘空间表现中，“点睛之笔”既是对光影、材质等核心要素的精妙刻画，更是设计师对空间人文价值的深度思考。一幅优秀的手绘作品，需在严谨的透视框架下，以恰到好处的笔触赋予空间温度——或是透过一扇窗的光影层次传递自然之美，或是以一组陈设的细腻线条隐喻生活哲学。这要求我们既要有精益求精的工匠精神，又需心怀对人与环境的关怀。

2. 钢笔速写的表现形式

（1）钢笔建筑速写：钢笔徒手画和速写能力是衡量设计师水平的重要标准。建筑速写对设计师培养观察能力，提高审美素养，保持创作激情，以及迅速、准确地表达构思是十分有益的。钢笔建筑速写作品如图 4-1、图 4-2 所示。

▶图 4-1　钢笔建筑速写作品（1）

▶图 4-2　钢笔建筑速写作品（2）

（2）钢笔室内速写：了解钢笔画的特殊性质及其室内透视方面的特殊要求，是掌握室内速写方法的关键。钢笔室内速写作品如图4-3、图4-4所示。

3. 钢笔速写的技法解析

钢笔速写通过点、线及点和线的排列组合来表现不同的黑、白、灰块面，反映出所需要描绘对象的造型以及由光线投射而形成的明暗关系，具有丰富的表现力。

（1）点：点分为有规律的和没有规律的点，点可以表现细腻光滑的物体，或与线条穿插使用，以丰富画面效果（图4-5）。

（2）线：线条是钢笔速写的灵魂，钢笔速写的线条种类繁多，直线、曲线、粗线、细线、排线、线网等都有各自的特点和美感（图4-6~图4-9）。

（二）钢笔淡彩表现技法

1. 钢笔淡彩的技法特点

钢笔淡彩总体上具有以下特点：画面素描关系明确，色调明快，层次分明；画面效果轻快、透明、滋润；画面色彩艳丽，效果醒目；画面结构清晰，适合表现变化丰富的空间环境。

2. 钢笔淡彩的技法解析

（1）水彩渲染。

用水彩渲染表现，主要有3种方法。

①平涂法：一般用于表现受光均匀的平面、颜色较深的墙面、物体的暗面以及造型的基本色相等。平涂时要使画板倾斜一定角度，以保证颜色均匀、画面整洁。表现方法一般是借助槽尺，用水把颜色调和均匀，大面积水平运笔，

▶ 图4-3 钢笔室内速写作品（1）

▶图 4-4　钢笔室内速写作品（2）

▶图 4-5　点的画法

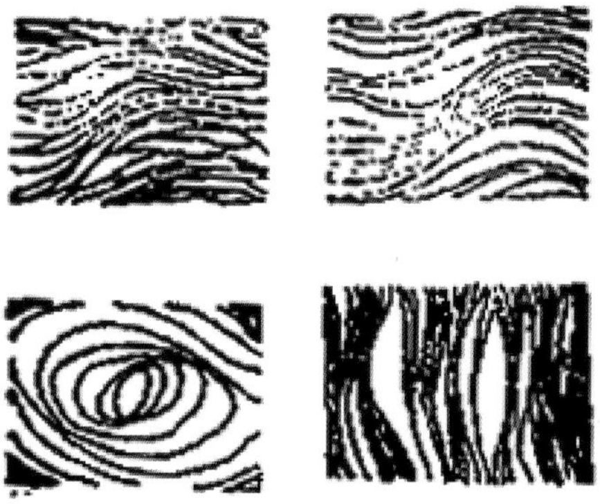

▶图 4–6　曲线画法

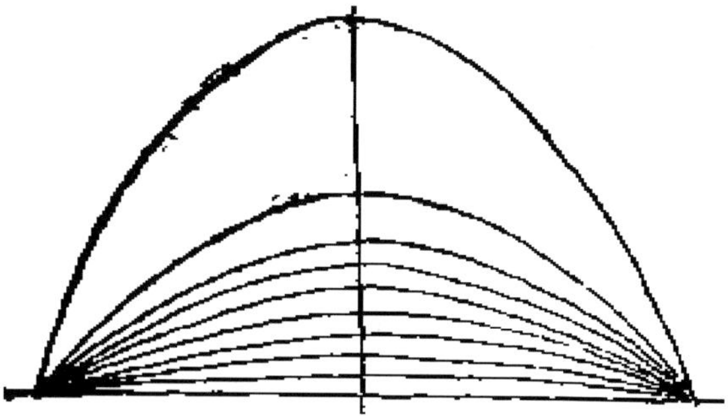

▶图 4–7　弧形线画法

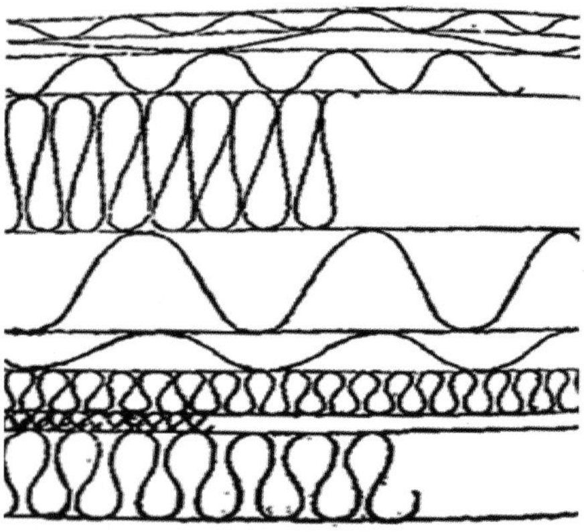

▶图 4–8　波形线画法

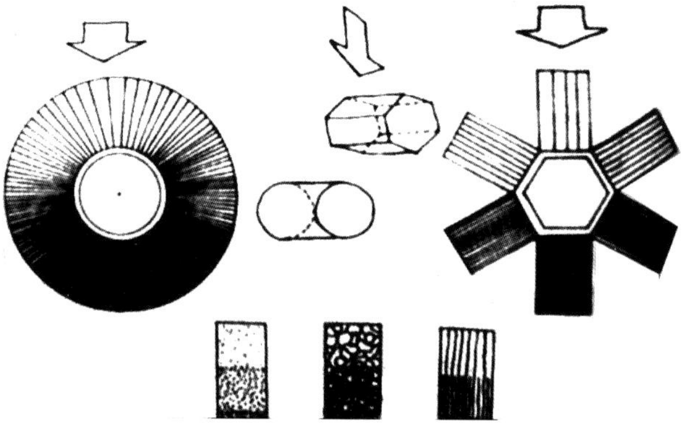

▶图 4–9　几何体速写中线的排布

小面积垂直运笔，有秩序地涂抹，用笔准确、快捷，用力均匀，即可得到均匀整洁的效果。

②叠加法：将需要染色的部分，用同一浓淡的颜色平涂，颜色由浅至深，逐渐加重，分层次一遍一遍叠加完成。实际操作时要动作敏捷，下笔力求准确，以避免将底色搅起。水彩颜料的渗透力强、覆盖力弱，所以颜色叠加的次数不宜过多，混入颜色的种类也不能太复杂，防止画面变得污浊。

③退晕法：平涂后趁湿在下方加水，依次涂以不同的颜料，使之逐渐变浅或变深，颜色互相渗化，形成自然过渡，退晕的过程多用环形运笔。

（2）马克笔上色。

用马克笔上色表现，需要注意以下几点。

①用笔随着物体的结构走。

②用笔、用色要概括，要有整体上色的概念，笔触的走向应该统一，注意笔触间的排列与秩序。

③物体颜色不要画得太满，特别是形体之间的用色要有区别，要敢于留白。

④用色不可杂乱，要用最少的颜色画出最丰富的感觉。

（三）钢笔速写、淡彩的表现要点

1. 注意明暗关系

要注意物体的轮廓和空间界面转折的明暗关系，用线要流畅、生动，讲究疏密变化。

2. 适当留白

着色时留白尤为重要，不要画得太满。

3. 不宜反复上色

色彩应洗练、明快，不宜反复上色、来回涂抹。

4. 笔触简练

要讲究笔触的应用，如摆、点、拖、扫等，以增强画面的表现效果；深色的地方要尽量一气呵成。

（四）钢笔速写、淡彩的绘制步骤

钢笔淡彩效果图绘制一般先用钢笔勾形，然后可适当体现明暗，但不宜过多，最后以淡彩着色。

1. 打轮廓

用铅笔画出空间的透视，线条要清晰，明快准确地表达效果图的轮廓。

2. 刻画素描关系

用钢笔描画室内效果图的内容，用线条清晰地刻画出空间的素描关系

3. 铺大色调

用水彩或马克笔画出效果图的大色调。用水彩表现时，用含水量来控制色彩的饱和度，即颜色的浓淡由水分的多少来决定。用马克笔表现时，要有整体上色的概念，笔触的走向应该统一。

4. 结构刻画

待色彩干透时，对室内结构进行刻画。先计划好留白的地方，然后按照由浅入深、由薄到厚、先虚后实的方法上色，分层次一遍一遍叠加完成，塑造出画面的明暗关系。

5. 刻画细部

在深入刻画的过程中，用钢笔勾画室内物体的结构，刻画出室内物体的细部，使画面内容更加精细。

6. 统一调整

最后统一调整，适当地调整色彩，使画面更加和谐、统一。

数字资源

二 | 彩色铅笔表现技法

彩色铅笔，因其细腻的笔触和丰富的色彩，以及方便、简单、易掌握的特点，而倍受设计师的喜爱。彩铅表现应用范围广、效果好，是目前较为流行的手绘表现技法之一。尤其在室内效果图快速表现中，彩色铅笔用简单的几种颜色和轻松、洒脱的线条即可表明室内设计中的用色、用材及氛围。同时，由于彩色铅笔的色彩种类较多，因此可表现多种颜色和线条，增强画面的层次感和空间感。彩色铅笔在表现一些特殊肌理，如灯光、倒影和木材时有独特

延伸阅读

彩铅和马克笔

在手绘艺术的多彩世界中，彩铅和马克笔作为两种表现力极其强大的绘画工具，各自有着独特的魅力和无限的可能性。它们不仅可以用于室内的快速表现，呈现出设计师多变的创意，还可以用于写实创作，细致地描绘出现实世界中的每一个细节。

数字资源

彩铅具有可溶性和多层次堆叠的特性，能够在纸上呈现出微妙的色彩渐变和深邃的质感，展现出一种细腻的力量。设计师通过精准的力度控制，将彩铅层层叠加，刻画出栩栩如生的细节，从轻柔的羽毛到粗糙的树皮纹理，都能被精确地捕捉和表现。用水溶性彩铅配合水的使用，还可以将一幅彩铅稿画得如同水彩画一样华丽精致。

马克笔以其鲜明的色彩和流畅的线条被设计师们所青睐。它的快干特性让设计师能够及时捕捉到瞬间的灵感，使得构思和概念得以迅速呈现在纸面上。设计师通过不同色彩马克笔的叠加使用，形成色彩之间的自然融合和层次感，塑造出逼真的光影效果与丰富的质感，从而将马克笔画稿提升到写实艺术的高度。

无论是彩铅的精细入微还是马克笔的畅快淋漓，它们都能够突破室内外场景的限制，成为设计师手中表达创意、探索写实边界的得力助手。通过这两种工具的运用，艺术作品不仅能够展现出速度与激情，还能够传达出深度与精致。

的效果，在现代设计中常与马克笔配合使用。

彩色铅笔分为水溶性彩色铅笔（可溶于水）和不溶性彩色铅笔（不能溶于水），不溶性彩色铅笔可分为干性和油性，我们一般市面上买的大部分都是不溶性彩色铅笔。不溶性彩色铅笔价格便宜，使用方便，技法易于掌握，绘制速度快，空间关系表现丰富，有着半透明的特征，可通过颜色的叠加呈现别样的画面效果，是一种较具表现力的绘图工具（图 4-10、图 4-11）。

（一）彩色铅笔的技法特点

彩色铅笔使用方便、简单，易于掌握，笔法从容、独特。彩色铅笔使用方法类似普通素描铅笔，但是可以利用颜色叠加产生丰富的色彩变化，具有较强的艺术表现力和感染力。用硬质彩色铅笔绘图时，笔芯即使削长、削尖也不易断；软质彩色铅笔如果削得太长，则有断芯的危险。淡色的笔芯较硬，深色或颜色鲜艳的较软。水溶性彩色铅笔沾水便可像水彩一样溶开；不溶性彩色铅笔描绘出来的图会感觉粉粉的，画完后用手指摩擦纸面还可以擦掉画上的粉，很适合晕染的画法。

（二）彩色铅笔的表现形式

彩色铅笔有两种表现形式。一种是在针管

▶ 图 4-10　彩色铅笔室内效果图

▶ 图 4-11　彩色铅笔家具效果图

笔墨线稿的基础上，直接用彩色铅笔上色，着色要符合由浅渐深的规律，用笔要有轻、重、缓、急的变化。另一种是与以水为溶剂的颜料相结合，利用它的覆盖特性，在已渲染的底稿上对所要表现的内容进行更加深入、细致的刻画。

彩色铅笔运用简便、表现快捷，可作为绘制色彩草图的首选工具，且用纸不受局限。如果选用描图纸，可在纸的背面衬以窗纱、砂纸等材料绘制，用来表现粗糙的质感。

（三）彩色铅笔的技法解析

彩铅表现效果典雅、朴实，能利用线条表现出细微生动的层次变化。在实际绘图时，如果用彩色铅笔涂色的面积大，线条就可以更为松散，并且使笔杆倾斜，与画面大约成 45 度，使笔尖与纸接触面积增大。由于彩铅是有一定笔触的，所以在排线平涂时，要注意线条的方向，要有一定的规律，轻重也要适度，否则就会显得杂乱无章。另外，彩铅画面效果与运笔也有关系，需要笔触粗时用笔尖已经磨出来的棱面来画，需要笔触细时用笔尖的棱来画，这样就可以将笔触粗细掌握自如了。

1. 基础技法

彩铅的基础技法有平涂排线法、叠彩法、水溶退晕法等。

（1）平涂排线法：运用彩色铅笔均匀排列铅笔线条，达到色彩一致的效果（图 4-12）。

（2）叠彩法：运用彩色铅笔排列不同色彩的铅笔线条，色彩可重叠使用，变化较丰富（图 4-13）。

（3）水溶退晕法：利用水溶性彩铅溶于水的特点，将彩铅线条与水融合，达到“退晕”的效果（图 4-14）。

2. 综合技法

（1）单色彩铅明暗表现：在单色彩铅的明暗表现中，一般把画面前面的物体刻画得比较细腻，对比处理得强烈一点，画面后面的物体则相对弱化处理。将彩色铅笔直立地以尖端来画时，画出来的线较明了、坚实；将铅笔斜侧起来以尖端的腹部来画时，笔触及线条都比较模糊、柔弱（图 4-15）。

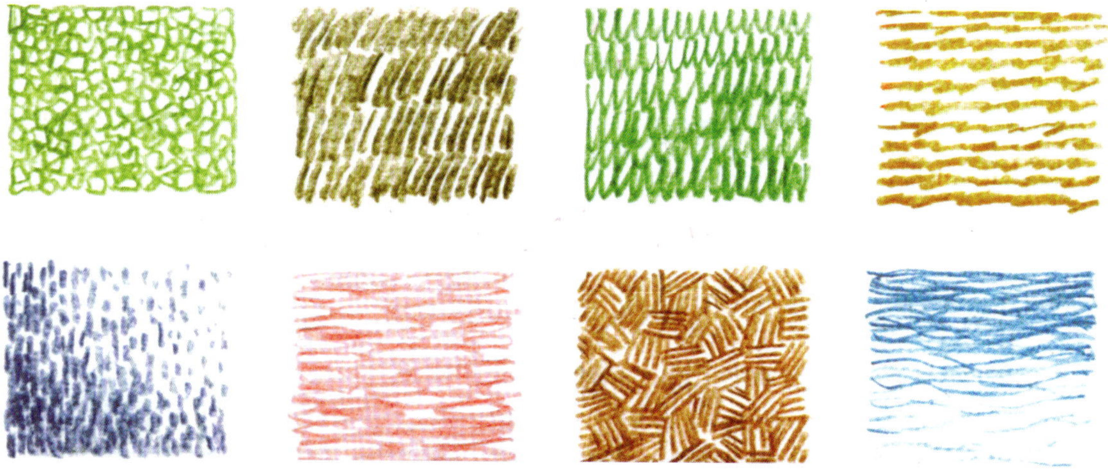

▶图 4-12　平涂排线法

▶图 4-13　叠彩法

▶图 4-14　水溶退晕法

▶图 4-15　单色彩铅明暗表现（1）

（2）多色彩铅明暗表现：多色彩铅可以更为生动地表现画面，多样的色彩适合室内设计手绘的需要。在用多色彩铅表现画面明暗关系时，除了参考单色彩铅的表现方式外，还应该注意笔触的方向，对笔触要进行整理才能保证不混乱（图 4-16、图 4-17）。

▶图 4-16　多色彩铅明暗表现（1）

▶图 4–17　多色彩铅明暗表现（2）

数字资源

三 | 马克笔表现技法

马克笔因其色彩丰富、携带方便、使用便捷，有较好的耐水性，已成为目前纸面手绘最常用的上色工具，深受室内设计师的喜爱。马克笔表现，可以让设计师随时随地表达、记录构思与概念，是现在室内手绘效果图最为常用的表现技法。马克笔用笔比较奔放、随意，画面效果十分洒脱，有较强的色彩明度，可以形成较大的反差，产生对比明快的效果（图 4–18、图 4–19）。

目前市面上马克笔的种类较多，根据其颜料特性可以分为水性马克笔和酒精油性马克笔，我们在绘制室内效果图时一般选择酒精油性马克笔。马克笔笔头主要有四种：硬尖头、斜方头、圆方头、软尖头。初学者推荐选用硬尖头和斜方头组合的双头马克笔。双头马克笔的两端各有一个笔头，一端是较宽的笔头，适合于画粗线或者面；另一端是较细的笔头，笔尖可以画细线，斜面可画粗线，用法类似美工笔。通过两种笔头的结合，画出线、面结合，可达到理想的绘画效果。初学者挑选马克笔颜色时，推荐选择偏灰的颜色，这种类型的颜色不容易使画面色彩过于跳跃，控制起来更简单。另外，每种颜色尽量选择浅、中、深三支马克笔，便于我们上色时表现物体的亮、灰、暗三个面。

（一）马克笔的技法特点

（1）颜色丰富：马克笔的颜色种类繁多，颜色可重复叠加，满足各类方案和配色的需求。有满意色彩时可记下马克笔的型号，以备下次使用。

（2）色彩明快透亮：马克笔的颜色饱和度较高，而且具有一定的透明属性，和线稿叠加可以产生色不压线的效果。

（3）颜色覆盖性较差：马克笔和水彩类似，淡色无法覆盖深色，所以我们在进行效果图绘制时，应该先从浅色开始。

（4）墨水易干：酒精易挥发，所以酒精油

▶图 4-18　马克笔室内效果图（1）

▶图 4-19　马克笔室内效果图（2）

性马克笔的墨水也比较容易干燥，因此我们在绘画时比较容易出现较为明显的笔触。若想要减弱笔触感，则需较快速地进行第二遍颜色的绘制。

（5）笔触变化多样：马克笔快速运笔能画出整齐利索的笔触和色块；运笔较慢或稍作停留，颜色在较吸水的纸上会晕开一片；运笔的力度大小不同，也能产生不同的明度效果。

（二）马克笔的技法解析

1. 基础技法

马克笔基础技法如图 4-20 所示。

（1）平移：平移是马克笔最常用的笔触。在下笔的时候，笔头两侧需要完全压实纸面，快速、果断地画出。切记不要在中间出现停顿，否则会出现一个非常明显的点。

（2）线：线是用于颜色过渡或者丰富画面的笔触。用马克笔画线和用针管笔画线类似，但是注意不需要起笔。通常我们是用马克笔的宽头来画线，而非尖头。

（3）点：点是用于颜色过渡、丰富画面或绘制一些特殊物体的笔触。在画点的时候需要注意用笔不要完全垂直或者水平，而应该让笔头有一点倾斜角度。同时，点的绘制也要注意体现一定的构成关系。

（4）扫笔：扫笔是用于画面边缘或者柔和过渡的笔触。画扫笔的时候，在开始位置笔尖要压实纸面，在运笔的同时快速抬起笔，用笔触留下一条“尾巴”。扫笔的表现方法多用于浅色，重色扫笔时尾部很难进行衔接。

（5）斜推：斜推是对产生透视变形的面进行铺色的笔触。绘制方式和平移类似，可以通过调整笔头的斜度来作出笔触不同的宽度和斜度。

（6）蹭笔：蹭笔是用于具有变化且过渡柔和区域的笔触。在绘制时需要用马克笔快速地来回蹭出一个面，这样开始画的地方重复次数多颜色会加深，后面画的位置颜色会较浅，从而形成较为柔和的过渡效果。

2. 综合技法

（1）并置法：运用马克笔并列排出线条（图 4-21）。

（2）重叠法：运用马克笔组合同类的色彩，排出线条（图 4-22）。

（3）叠彩法：运用马克笔组合不同的色彩，实现色彩变化，排出线条（图 4-23）。

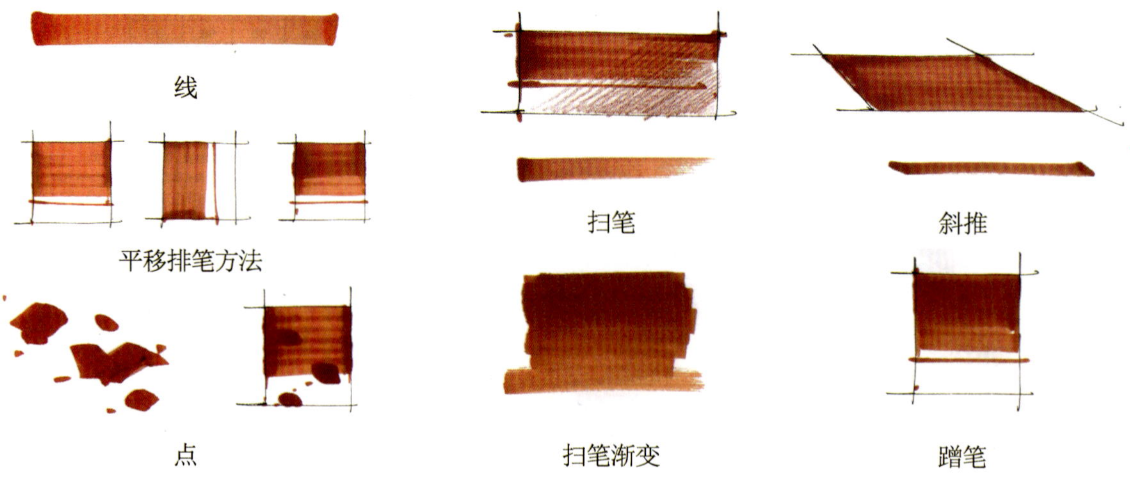

▶图 4-20　马克笔基础技法

▶图 4-21　并置法

▶图 4-22　重叠法

▶图 4-23　叠彩法

任务实训

任务一 彩色铅笔室内效果图绘制

任务要求

以彩色铅笔为主要表现工具，绘制一幅室内效果图。要求：充分表现空间层次，色调统一协调，内容表现完整，画面干净整洁。

数字资源

任务实施

①绘制底稿 。注意透视变化及前后遮挡，如有前后遮挡要注意留白。透视把握和构图是最基础、关键的一步。构图视平线不宜过高，否则地面占据画面的区域太大，一般设计的重点或精彩的部分不在地面，见图 4–24。

②完善设计细节及空间配景。配景不宜刻画过于精细，否则既浪费时间又影响画面要表达的中心，可以逐步画出一些暗部色彩，见图 4–25。

③把握好整体色调，调整细节部分。加入一些鲜艳色块，鲜艳色块一般出现在小装饰物上，可以为画面增添跳跃感，同时也起到画龙点睛的作用，见图 4–26。

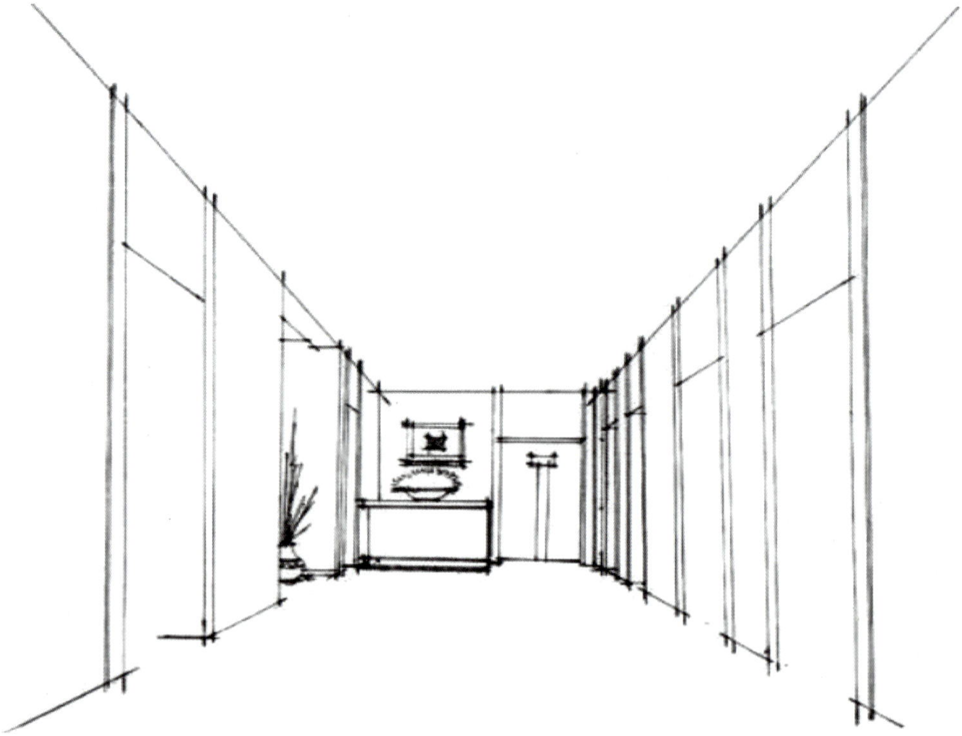

▶图 4–24　绘制底稿

▶图 4-25 完善设计细节及空间配景

▶图 4-26 把握整体色调并调整细节

任务二　马克笔室内效果图上色

任务要求

合理运用马克笔上色，分别表现单体家具的立体感和材质质感、组合家具的比例关系和空间关系、室内空间的整体色彩与明暗效果。

数字资源

任务实施

实训 1　单体家具的上色

①先用最浅的颜色区分出受光和背光的两个面，这一步由于颜色比较浅，可以采用平涂的方式来进行铺色，见图 4–27。

②用中间色加重暗部，画出灰面投影，强化物体明暗关系。这一步需要注意按照家具的造型来用笔，在颜色过渡区域可以用线或者点来进行过渡，同时丰富画面，见图 4–28。

③用重色给暗面增加层次，强化投影颜色，进一步增强物体的素描关系。这一步所用颜色较重，用笔需格外小心，进一步塑造家具的形体关系，见图 4–29。

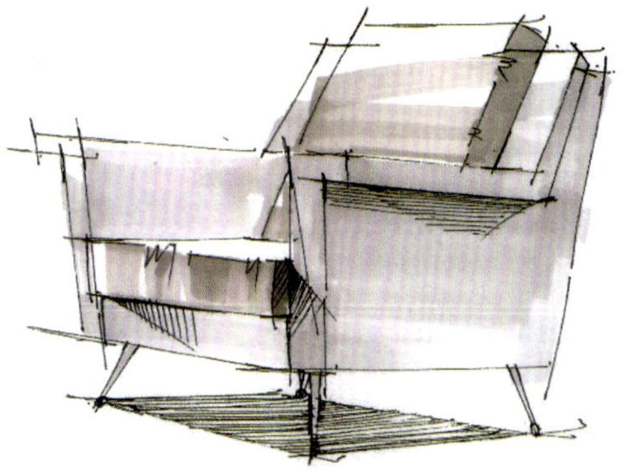

▶图 4–27　单体家具上色步骤①

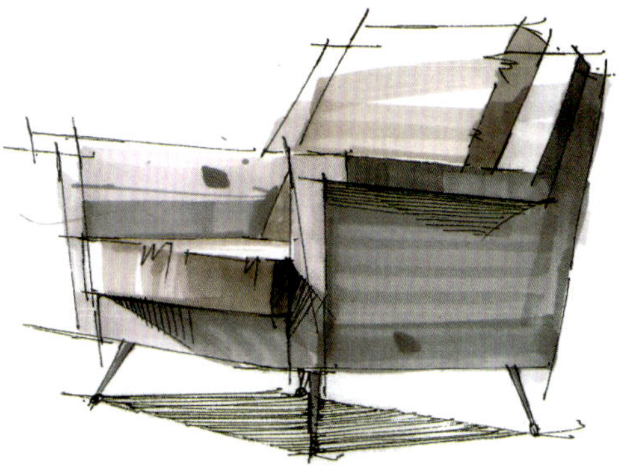

▶图 4–28　单体家具上色步骤②

▶图 4–29　单体家具上色步骤③

实训2　组合家具的上色

①用最浅的颜色画出每个家具的灰面和暗面，区分出受光和背光面。画浅色时用笔可以放松一些，但要注意留白，尽量不要破坏物体的形体关系，见图 4–30。

②用中间色画出投影和暗面，用浅色给灰面增加层次，见图 4–31。

③用重色强化物体暗面和投影，强化光影效果和素描关系。用重色强化沙发等家具的转折关系，进一步塑造物体的形体关系，增强画面前后的虚实关系，见图 4–32。

▶图 4–30　组合家具上色步骤①

▶图 4–31　组合家具上色步骤②

▶图 4–32　组合家具上色步骤③

实训 3　室内空间的上色

①在空间线稿的基础上，思考空间中物体的材质特征与色彩分布，从大体积物体入手，把握并表达出空间的大体色彩关系与明暗变化。这一步只需要简单交代出每个物体的受光与背光关系即可，不需要画太多层次，见图 4–33。

②用中间色加重物体暗部，进一步强化物体的光影关系，增强画面的对比效果。注意在画天花的颜色时用笔要和透视方向一致。画面边缘的植物可以不上色，让画面边缘有虚化的过渡，见图 4–34。

③画面基本成形后，对空间进行整体调整。刻画细节、质感、立体感，调整空间环境关系。这一步可以在暗部和投影区域把重色加上，加重色时切忌平涂。另外还可以给画面增加一些跳跃的颜色，但要注意颜色之间的呼应关系，见图 4–35。

④调整完善。调整画面整体关系，完善陈设品颜色。利用提白笔和涂改液画出物体高光，进一步刻画物体质感，见图 4–36。

▶图 4–33　室内空间上色步骤①

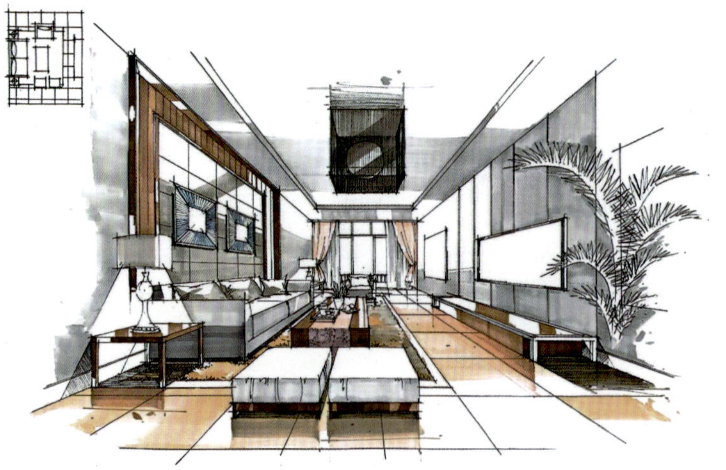

▶图 4–34　室内空间上色步骤②

▶图 4-35　室内空间上色步骤③

▶图 4-36　室内空间上色步骤④

真题演练

小户型家居空间手绘表现

某装饰公司承接了一个小户型家居空间设计项目，户型特征、面积见图 4-37（层高为 2.85 m）。户主为独居女青年，职业为旅游杂志摄影师，喜欢陈列个人的摄影作品。请根据所提供的附图和相关信息，针对其客厅和餐厅空间完成手绘效果图一张。手绘效果图要求：透视比例准确，线条流畅，主次虚实对比处理得当，注意色彩的对比和调和关系。

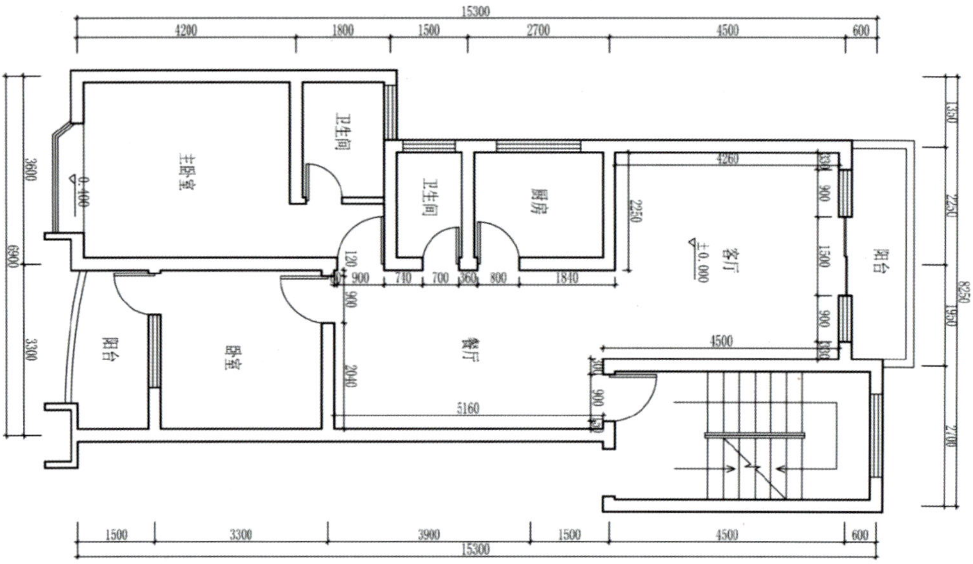

▶ 图 4-37　户型特征及面积

核心知识小结

1. 钢笔速写表现技法

①点的表现。

②线的表现。

2. 钢笔速写表现技法

①水彩渲染：平涂法；叠加法；退晕法。

②马克笔上色。

3. 彩色铅笔表现技法

①基础技法：平涂排线法；叠彩法；水溶退晕法。

②综合技法：单色彩铅明暗表现；多色彩铅明暗表现。

4. 马克笔表现技法

①基础技法：平移；线；点；扫笔；斜推；蹭笔。

②综合技法：并置法；重叠法；叠彩法。

练习思考

1. 钢笔速写、淡彩表现技法有什么特点?
2. 彩色铅笔表现技法有什么特点?
3. 马克笔表现技法有什么特点?

学习评价

项目自评、互评及导师评价表

专业：			班级：	学生：		指导老师：
序号	评价维度	分值	评价内容	学生自评（20%）	学生互评（20%）	教师评价（60%）
1	知识掌握	20 分	理解核心理论（如透视原理、光影规律、材质特性等），能准确回答理论问题，能通过草图或文字说明设计思路			
2	技能应用	40 分	线条流畅，透视准确；色彩搭配协调，过渡自然；材质表现真实，细节刻画到位；空间层次分明，比例合理			
3	创意表现	20 分	构图新颖，设计有独创性，艺术感染力强，具有个性化表达效果			
4	工具使用	10 分	熟练操作马克笔、彩铅等工具，工具维护规范，作画效率高			
5	职业态度	10 分	按时提交作品，积极参与讨论，主动优化修改，团队协作与沟通			
合计得分						
学生自评总结：					签名：	
同学互评建议：					签名：	
教师评语与改进要求：					签名：	

05 项目五

手绘空间快速表现

学习目标

知识目标

系统掌握空间透视、动态构图及色彩运用技巧；理解餐饮空间与乡村书吧的功能布局特征和快速表现要点；熟知快题设计流程规范，强化对光影、材质与比例关系的理论认知。

能力目标

能运用线条、光影与材质技法快速绘制空间草图；独立完成餐饮空间与 " 乡村书吧 " 快题方案设计；具备限时手绘表达能力，精准呈现设计构思与空间功能布局。

素质目标

培养高效、严谨的手绘表现习惯，增强空间逻辑思维与创意转化能力；通过案例临摹与实战提升审美判断力；强化团队协作意识，践行绿色设计理念与人文关怀精神。

思政目标

以“乡村书吧”设计为切入点，关注乡村振兴与文化惠民政策；以工匠精神贯穿快题实践，强调细节严谨与职业操守；倡导传统文化符号的现代转译，增强文化自信与设计伦理意识。

岗位要求

适应室内设计师、方案深化员岗位需求，具备快速手绘提案能力；胜任快题设计竞赛及项目汇报任务；熟练结合客户需求优化表现技法，遵守行业规范，具备高效沟通与时间管理能力。

思维导图

- 手绘空间快速表现
  - 知识链接
    - 手绘空间快速表现的法则
    - 手绘空间快速表现实战
    - 手绘空间快速表现案例
    - 室内快题设计
  - 任务实训
    - 餐饮空间的快速表现
    - “乡村书吧”快题设计

项目导入

手绘效果图快速表现，能够使设计师的构思和想法更加生在快节奏的室内设计行业中，手绘快速表现是设计师捕捉灵感、沟通方案的必备技能。本项目围绕手绘空间快速表现，以“从技法到实战，从案例到创新”为路径展开。通过解析手绘快速表现的法则，让学生认识到“快速”与“感染力”的重要性，处理好艺术性与科学性、真实性的关系，从设计元素与构成、线条与比例、光影与色彩、透视与空间表现、创作技巧与实践等角度理解手绘快速表现的要点，根据若干具体的空间实例和典型案例，掌握快速表现的实际作画步骤及注意事项。项目以“乡村振兴”为背景，将“乡村书吧”快题设计作为实践载体，引导学生在设计中关注基层文化需求，探索传统元素现代转译的路径。通过“技法＋场景＋价值”三维训练，学生不仅能掌握行业前沿的手绘技能，更能以创意与责任感回应时代命题。

思考

快速表现中如何取舍细节刻画与整体空间氛围营造？乡村文化空间设计中怎样实现传统元素与实用功能的共生？

知识链接

一 手绘空间快速表现的法则

（一）“快速”和“感染力”是表现的重点

在室内设计师接单过程中，第一次接待家装客户时，往往需要在很短的时间内取得家装客户的信任。因此，设计师能否“快速”地表现出客户的装修想法和自己的设计意图，以及是否表现得有“感染力”，就显得非常重要。这就需要设计师在动笔前能很好地跟客户沟通，充分地了解客户的真实需求。在此基础上，认真研究客户的空间格局和空间尺度，发现并找出存在的问题，迅速提出初步意见和解决方案，归纳整理出具有一定艺术风格特点的设计构想和设计意图。然后，再选择快速手绘的艺术形式表现出来。

这些快速手绘效果图往往都具有独特的审美价值和感染力。因此，客户会对设计师将要提供的设计方案产生强烈的期望。

设计师在运用快速手绘接单时，无论采取怎样的手段表达，有一点要特别注意，就是一定要能充分而有力地反映出设计师的设计意图。

（二）处理好艺术性与科学性、真实性的关系

除了要表达好设计意图，室内设计师还要注意处理好手绘的艺术性与科学性、真实性的关系。手绘效果图不是普通的绘画作品，它是设计师表达设计构思和设计意图的工具。因此，设计师在作画时不必像普通绘画作品那样追求形式的完整，只要能达到表达目的就可以了。在表达的内容上，该突出的突出，该概括的概括。在表达的形式上也可以不拘一格，平面图、立面图、剖面图都是可以采用的形式。在工具和材料上，只要能达到快速、简便、有效的表现目的，都可以使用。

手绘空间快速表现，既要反映出室内设计方案的艺术性和感染力，又要能充分反映出室内设计方案在施工技术和材料工艺方面的真实性和科学性。也就是说，手绘空间快速表现是在充分说明设计师方案构想的前提下，追求一定的艺术性。

比如，快速手绘效果图的透视运用。室内设计师要在做好设计和完成平面、立面等二维图的基础上，科学地运用透视原理，将三维的室内视觉效果准确真实地表现出来。因此，严谨的透视运用是快速手绘表现中最基本的保证。一幅透视关系错误的画面是很难有艺术感染力的。对于初学者来说，绘制快速手绘效果图时容易进入两个误区：要么过分拘泥于透视，缩手缩脚；要么不重视透视关系，过于随意。

再如，快速手绘效果图的画面构图。在画面构图中，我们要讲究均衡、对比和统一，要保持画面良好的主从关系，重点要突出，画面中心要明确，从整体上把握好构图关系。对于初学者来说，画面重点不突出、没有主次是常见的误区。

二 | 手绘空间快速表现实战

（一）表现要点

第一，设计元素与构成是快速手绘效果图的基础。这包括各种基本图形、形状和图案的运用。设计师需要熟练掌握各种设计元素，并能够灵活运用它们来表达自己的设计理念。

第二，线条与比例在快速手绘效果图中起着至关重要的作用。正确的线条和比例能够使画面更加生动和立体，给人们带来更好的视觉体验。设计师需要通过练习和观察，掌握线条的粗细、曲直和长短，以及各种比例的运用。

第三，光影与色彩的运用也是快速手绘效果图的要点。通过对光线的投射和反射的描绘，可以创造出深度和立体感，使画面更加生动。色彩的运用则能够增强画面的情感和氛围。设计师需要了解光线的传播规律和色彩的搭配原则，以便在绘制快速手绘效果图时能够更好地表现光影和色彩。

第四，透视与空间表现是手绘效果图中不可或缺的要素。透视能够使画面更加真实、更有深度，而空间表现则能够展示出物体之间的距离和关系。设计师需要学习和掌握各种透视方法和空间表现技巧，以便在绘制快速手绘效果图时能够准确地表现出来。

第五，创作技巧与实践是快速手绘效果图的关键。设计师需要通过不断的练习和实践，积累经验，提高自己的技巧。同时，也需要保持创新和开放的心态，不断探索和尝试新的表现手法和创作方式。

（二）作画步骤

1. 用铅笔绘制草稿

用铅笔稿确定效果图构图和主要透视关系，简单绘制出家具在地面上的位置关系，确定家具的高度。

2. 用针管笔绘制线稿

用针管笔根据铅笔稿绘制出家具和界面的具体造型，表达室内空间光源关系。

3. 用马克笔绘制主要色彩关系

用浅色马克笔给暗面和灰面上色，亮面留白，以此表达物体的受光和背光关系；用中间色马克笔加重暗部，绘制出物体的亮、灰、暗三个面，表达物体的体积感；用重色马克笔绘制物体投影，强化物体体积感和光影效果，增加灰面和暗面层次，丰富画面细节。

4. 用彩铅增加材质细节

用彩色铅笔柔和画面过渡关系，处理画面整体关系。

5. 用提白笔和涂改液增加高光细节

用提白笔和涂改液画出物体高光和亮部，刻画光影效果，注意提白笔不能使用过度。

（三）实例解析

1. 客厅快速表现

步骤一：线稿可先用铅笔构图定位，也可

以直接从重点部位画起（图 5-1）。

步骤二：用针管笔完善线稿（图 5-2）。

步骤三：在着色过程中，要注意通过着色工具笔触的虚实、粗细、轻重等变化来表现对象的材质（图 5-3）。

步骤四：绘制其他相关配景，大致交代其色彩、形体、材质及受光要素即可。初步绘制完成后，对画面的空间层次、虚实关系进行统一调整，同时要把环境色因素考虑进去。最后，绘制高光（图 5-4）。

▶图 5-1　餐厅快速表现步骤一

▶图 5-2　餐厅快速表现步骤二

▶图 5-3　餐厅快速表现步骤三

▶图 5-4　餐厅快速表现步骤四

2. 卧室快速表现

步骤一：先构思卧室的大致构图，保证透视准确，用铅笔勾勒出卧室的大体轮廓（图5-5）。

步骤二：用钢笔或针管笔快速勾画出家具轮廓，注意画面的虚实和主次关系（图5-6）。

步骤三：使用马克笔或者彩铅上色，从主体开始，由浅入深。上色时注意色彩的秩序关系，突出主体，背景空间层次要明确（图5-7）。

步骤四：进一步深入刻画主体，根据表现意图进行色彩调整，注意色彩冷暖对比和局部微妙的色彩变化，使主体更加生动，色彩更加丰富（图5-8）。

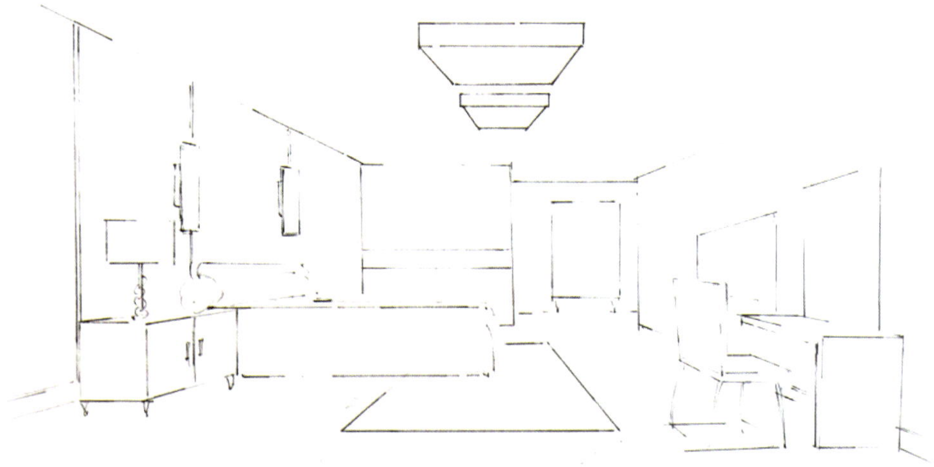

▶图5-5　卧室快速表现步骤一

▶图5-6　卧室快速表现步骤二

▶ 图 5-7 卧室快速表现步骤三

▶ 图 5-8 卧室快速表现步骤四

3. 餐厅快速表现

步骤一：餐厅设计构思方案基本敲定后，用铅笔构图绘制线稿（图 5-9）。

步骤二：着色的基本原则是由浅入深，以画面整体色调为基础（图 5-10）。

步骤三：绘制时要考虑到物体的形体转折、材质肌理及光源等要素（图 5-11）。

步骤四：绘制其他相关配景与绘制高光。初步绘制完成后，交代其色彩、形体、材质、受光要素及画面的空间层次，同时要把环境色因素考虑进去（图 5-12）。

▶图 5-9　餐厅快速表现步骤一

☆ 思政之窗

因地制宜

“因地制宜”就是依据不同地区的具体情况采取适宜的措施，即针对当地的实际，定出变通办法而不拘泥。习近平总书记指出：“因地制宜发展新质生产力。”因地制宜，从实际出发谋划事业和工作，是习近平总书记始终强调的方法论。

“因地制宜”源于中华传统智慧，强调顺应环境特征而谋事。在手绘空间快速表现中，这一理念体现为对空间特性的敏锐洞察与适应性表达：或依空间结构顺势勾勒，强化节奏感；或借自然光影虚实相生，烘托氛围；或融地域文化符号于笔端，传递人文温度。真正的“快速”非盲目求简，而是基于对场地、功能、文化的深度理解，以精准取舍实现效率与美学的平衡。

▶图 5-10　餐厅快速表现步骤二

▶图 5-11　餐厅快速表现步骤三

▶图 5-12　餐厅快速表现步骤四

数字资源

三 ｜ 手绘空间快速表现案例

（一）新古典风格民宿空间表现

该组民宿空间采用新古典风格表现，如图 5-13~图 5-15 所示。整个空间色彩以蓝色、白色及紫色为主，在空间的配饰上，选用水晶灯、欧式座椅、罗马柱式墙纸、卷草纹样图案等，使得空间风格突出、高贵优雅。方案着重表现了客厅空间、餐厅空间和卧室空间这三个主要空间，还对空间中软装设计部分进行了表现，让设计更加清晰明了。着色方面，运用了油性马克笔与水性马克笔相结合的着色方式。空间中的亮部由水性马克笔表现，空间中的暗部则由油性马克笔加重。在空间的材质表达上，使用了彩色铅笔，增强了材质的质感。

（二）民族风格民宿空间表现

该组民宿空间采用民族风格表现，如图 5-16~图 5-18 所示。整个空间色彩以红色、绿色及灰色为主。在空间的材质上，选用水泥板、水泥砖、金属板、红砖墙、木材等。在照明的表达上，选用工业风格的落地灯、筒灯等点光源。红绿花布的座椅、布满粉笔字体的小黑板、做旧的脚踏车等，使得空间风格突出，怀旧且具有个性。方案着重表现了客厅空间 、餐厅空间、卧室空间，还对空间中软装设计部分进行了表现，让设计更加清晰明了。空间中的亮部由水性马克笔表现，暗部则由油性马克笔加重。在材质表达上，使用了彩色铅笔，增强了材质的质感。

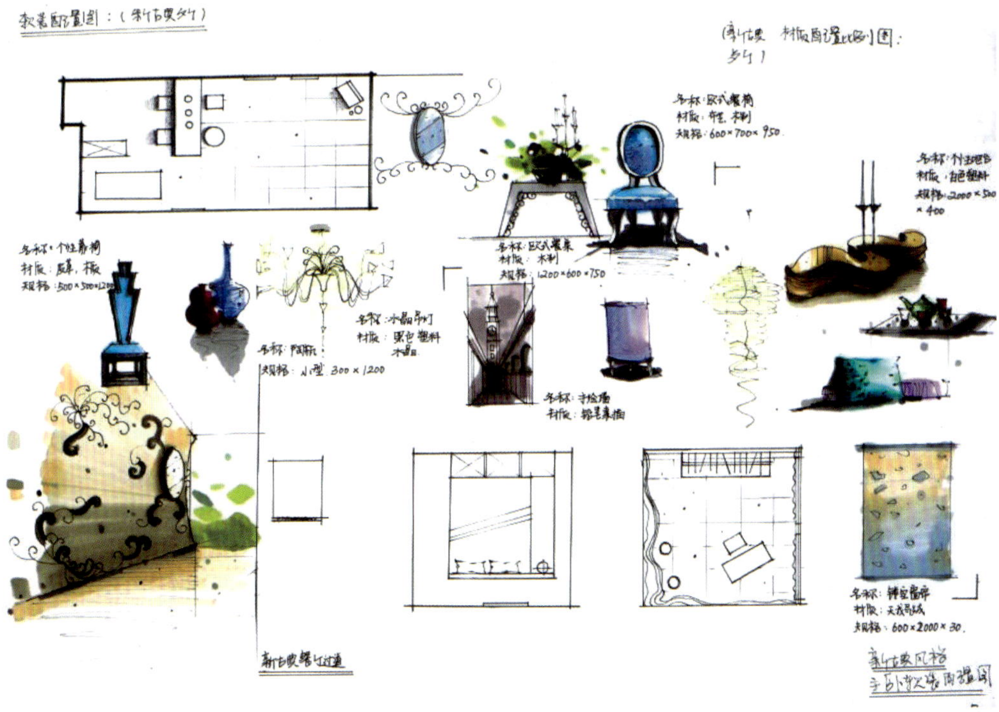

▶图 5–13　新古典风格民宿软装配置

▶图 5–14　新古典风格民宿餐厅表现

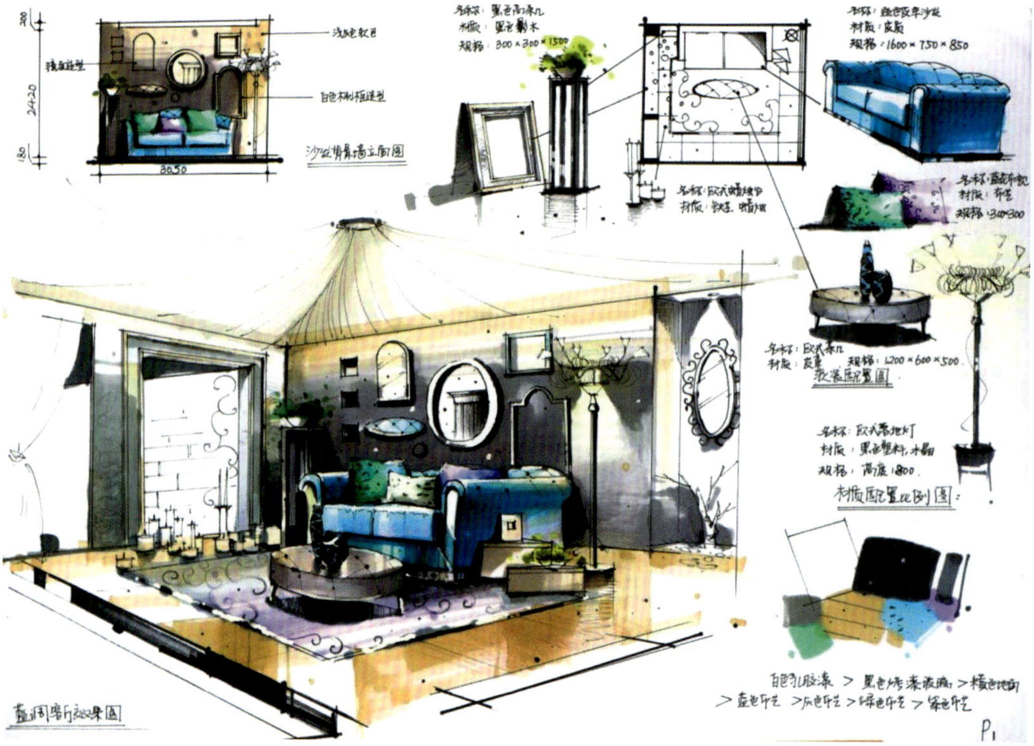

▶图 5-15　新古典风格民宿客厅表现

▶图 5-16　民族风格民宿软装配置

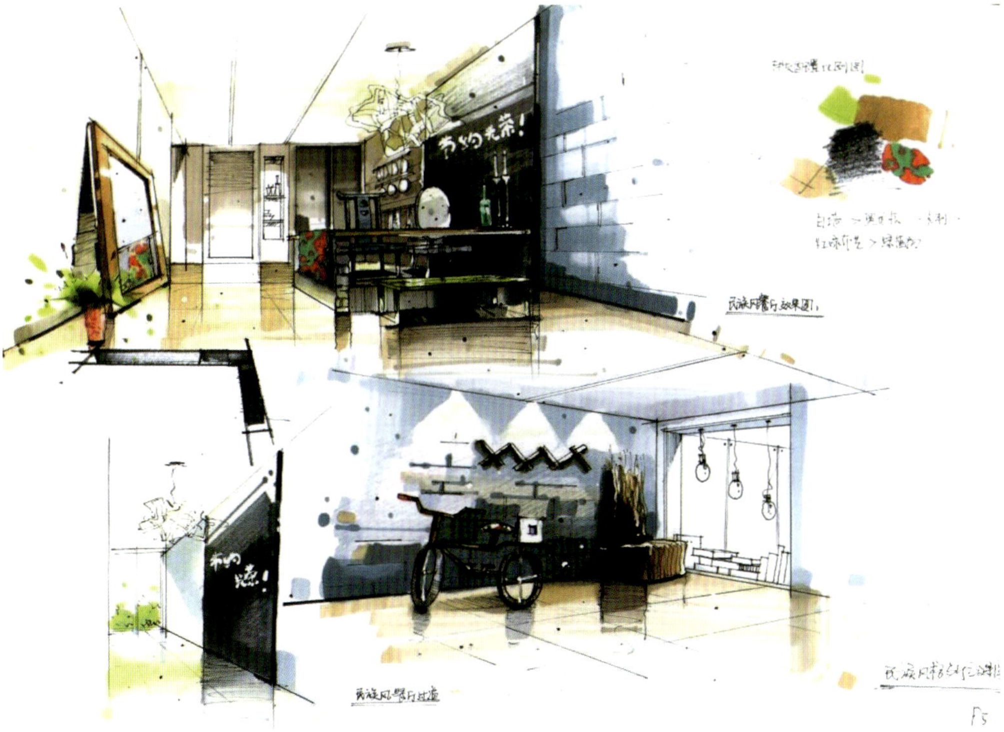

▶图 5-17　民族风格民宿餐厅表现

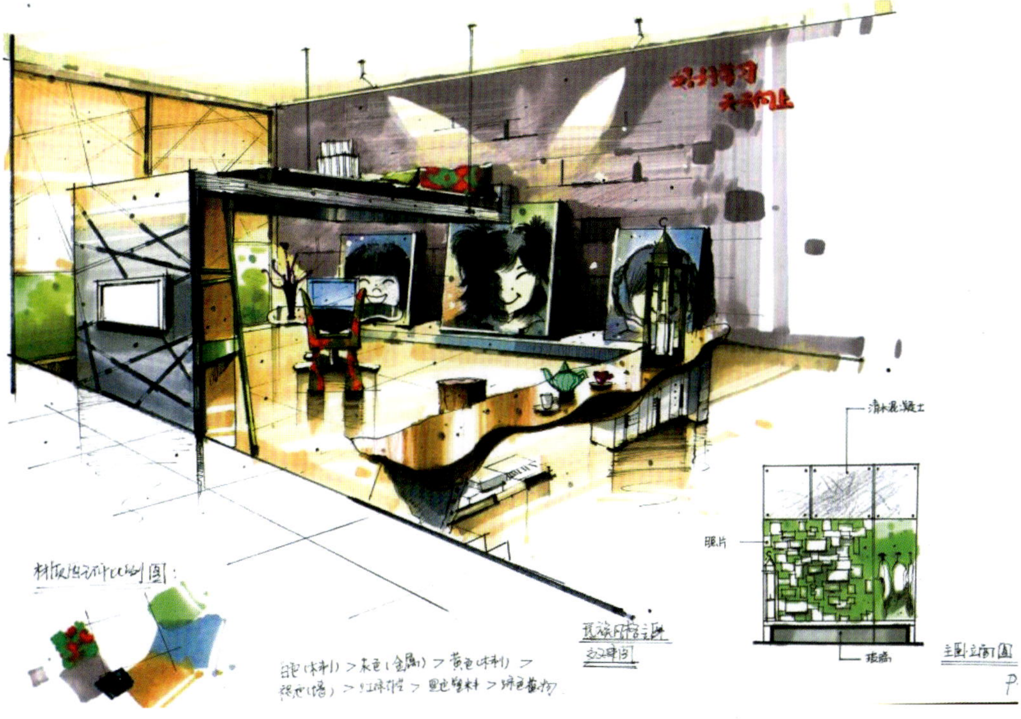

▶图 5-18　民族风格民宿主卧表现

数字资源

四 室内快题设计

快题设计又称快速设计、快图设计。简单来说，快题设计就是在一定的时间内（一般为 3~6 小时）完成设计方案构思、表现及成果展示，是室内设计过程中方案设计的一种表现形式。

（一）快题设计空间类型

室内快题考查的空间类型基本上可分为 8 大类，每类具体空间之间有时可以相互转化。

（1）文教空间：书吧、教室、阅览室、图书馆、文化馆等。

（2）商业空间：专卖店、售楼处、便利店、理发店、农贸市场、快递站、洗衣房等。

（3）餐饮空间：中式餐厅、西式餐厅、快餐厅、咖啡厅、茶室、酒吧、火锅店、主题餐厅等。

（4）居住空间：酒店客房、民宿、loft 公寓等。

（5）办公空间：办公室、会议室、事务所、工作室、接待处等。

（6）展示空间：展厅、画廊、艺术馆、博物馆、文化馆、纪念馆等。

（7）娱乐空间：儿童游乐场、老年人活动中心、KTV、桌游吧等。

（8）休闲空间：美容美发店、电影院、网吧、健身房、俱乐部等。

（二）快题方案设计流程

数字资源

1. 快题任务书解析

室内快题设计中，任务书解析是快题设计的第一步，也是最关键的一步。只有精准把握设计方向，才能绘制出符合题意的设计方案。

快题任务书通常分为两部分。第一部分为文字部分，一般会给出设计主题、设计范围，明确功能需求，提出图纸数量、设计要求等。第二部分为图纸部分，有些任务书会给出原始平面图，不提供图纸的任务书一般会给出明确的设计尺寸。

2. 快题草图绘制

（1）准备工具：选择适合的绘图工具，包括铅笔、钢笔、马克笔、绘图板等。

（2）确定比例和视角：根据实际空间的大小和需要，确定合适的比例和视角。可以选择鸟瞰图、平面图、剖面图等不同的视角来展示设计。

（3）绘制轮廓：使用铅笔轻轻地勾勒出室内空间的大致轮廓，包括墙壁、门窗、家具等的位置和形状。注意捕捉空间的比例和关系。

（4）添加细节：在轮廓的基础上，逐渐丰富细节，如家具的具体样式、装饰元素、灯具等。可以使用不同粗细的线条和阴影来表现物体的质感和立体感。

（5）标注尺寸和进行注释：如有必要，可在草图上标注出重要的尺寸并进行注释，以便更好地传达设计意图，也可以使用文字或符号来表示。

（6）色彩和材质表现：根据设计方案，可以用色彩或简单的材质来增强草图的效果。

可以用彩色铅笔、水彩或马克笔等工具来添加颜色。

（7）绘制多角度视图：为了全面展示设计，可以绘制多个角度的视图，如正视图、侧视图、剖面图等，以提供更完整的信息。

（8）实践和练习：不断进行实践和练习，提高手绘水平和速度。可以通过临摹优秀的设计草图、实际观察空间等方式来提升手绘能力。

3. 快题平面图设计与制作

数字资源

（1）绘制铅笔草稿或者轴网底图：如果作图能力较强，可以直接绘制轴网底图，之后直接在轴网底图上绘制。对于大多数人而言，应先绘制铅笔草稿，以免之后作图出现错误，因为修改图面既浪费时间，还容易造成图面污渍。

（2）点柱子：点柱子时可使用马克笔的扁笔头立起来点，也可以使用专用点柱笔。

（3）绘制门、墙、窗、楼梯：依照门、墙、窗、楼梯的顺序先后绘制。除墙体可采用马克笔绘制外，其余均使用勾线笔绘制。画完楼梯后，注意随手在楼梯附近标注标高。

（4）绘制卫生间内部：根据基础练习中的卫生间画法，合理布置卫生间，地面铺装可采用较小的方格网铺装。

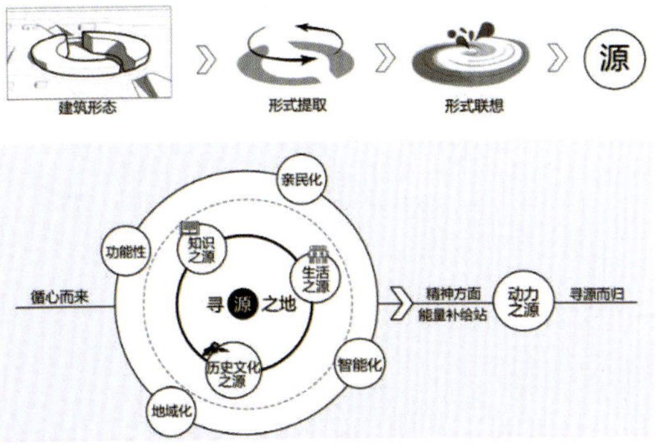

▶图 5-19　概念类分析图

（5）绘制室内家具并标注房间名称：主要绘制公共空间或重点房间，如餐厅、展厅、学术报告厅等的室内家具。

（6）完成标注：标注剖切符号、图名、比例尺、指北针。

（7）勾出室内外边界：最后，可以用马克笔的扁头将室内外边界勾勒出来，使方案表达更加清楚，完成绘制。

4. 快题分析图设计与制作

数字资源

（1）概念类分析图：概念类分析图具体包含三种：一种主要表达设计概念，一种主要表达由概念或场地延展出来的方案生成逻辑，还有一种主要表达装配式层面的设计思考（图 5-19）。

（2）空间类分析图：空间类分析图包含功能分析图、流线分析图、空间序列分析图、体量生成分析图和其他体块分析图。其中，体量生成分析图有时也会成为方案构思表达的一部分（图 5-20）。

（3）技术图纸类分析图：技术图纸类分析图主要是利用各类技术图纸表达特定的方案亮点，包括平面类、剖面类、轴测类、总平类分析图，尤以剖面类和总平类分析图常见（图 5-21）。

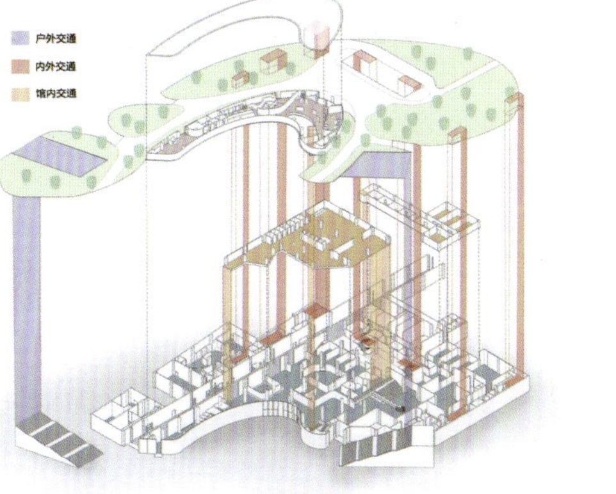

▶图 5-20　空间类分析图

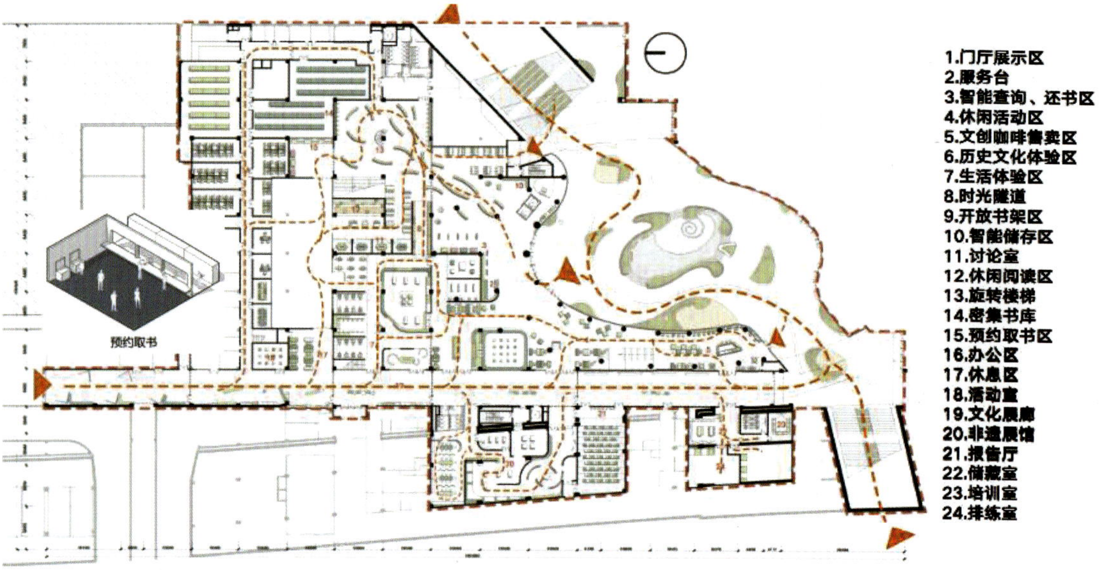

▶图 5–21　技术图纸类分析图

延伸阅读

室内手绘快速表现实战指南

技巧的运用在室内手绘快速表现中至关重要。技巧主要包括线条处理、透视原理和光影表现等。线条处理要求设计师能够灵活运用不同粗细、曲直的线条，表现设计的线条美。透视原理则要求设计师掌握基本的透视规律，使画面具有立体感和空间感。光影表现则要求设计师通过线条、色彩和明暗对比，表现出设计的层次感和视觉效果。

色彩的选择和搭配是室内手绘快速表现的灵魂，直接关系到设计的整体效果。设计师需要了解色彩的基本知识，如色轮、色彩搭配原则等，以及不同色彩所能表达的情感和氛围。在实际绘制过程中，设计师可以根据设计主题和需求，选择合适的色彩进行绘制。

设计理念的传达和画面构图的安排体现室内手绘快速表现的创作思路。设计理念是设计师在设计过程中的核心思想，通过效果图表现出来。画面构图则要求设计师合理安排画面元素，使之达到视觉平衡和美观。

实战案例是室内手绘快速表现学习的宝贵资源。通过分析和学习实际案例，设计师可以了解不同风格、类型的效果图表现技法，提升自己的设计水平。同时，设计师还可以通过实际操作，提升自己的绘制技巧和设计能力。

任务实训

任务一 餐饮空间的快速表现

任务要求

选用合适的表现工具，分别绘制家居餐厅和商业餐厅的效果图，运用综合技法快速表现餐厅的立体感、空间感和材质质感。要求：空间层次感强、色调统一协调、画面干净整洁。

任务实施

实训 1 家居餐厅快速表现

①用铅笔勾勒出家居餐厅的大体轮廓后，用钢笔或针管笔快速勾画出家具轮廓，注意画面的虚实和主次关系，见图 5-22。

②使用马克笔或者彩铅上色，从主体开始，由浅入深。上色时注意色彩的秩序关系，要突出主体，背景空间层次要明确。上色过程中最重要的是处理各种关系，如明暗关系、冷暖关系、虚实关系等，见图 5-23。

③进一步深入刻画主体，根据表现意图进行色彩调整，注意色彩冷暖对比和局部微妙的色彩变化，使主体更加生动、色彩更加丰富。通过调整整体效果，丰富明暗色彩变化，调整局部的色彩关系，达到理想的表现效果，见图 5-24。

图 5-22 餐厅线稿

▶图 5-23　餐厅初步上色

▶图 5-24　餐厅完成稿

实训 2　商业餐厅快速表现

①先用最浅的颜色区分出受光和背光的两个面，这一步颜色比较浅，可以采用平涂的方式来进行铺色，可以适当利用木地板表达空间进深关系。天花上色时需要注意一点斜透视的角度（图 5–25）。

②用中间色区分灰面和暗面，丰富物体的明暗层次，强化画面对比关系。刻画木地板材质需要注意木地板反光的表现。物体颜色接近时，可以通过前后的明暗对比明确物体之间的关系（图 5–26）。

③用重色强化物体的暗部和投影。注意这时重色只要加在局部，比如画面左下角墙面的椅子背、中间的桌面和后面的柜体三种木色叠在一起时，就可以通过加重后面柜体的暗部把桌子和椅背衬托出来。最后，给陈设品加上颜色（图 5–27）。

④画面深入塑造。利用彩铅柔和处理画面过渡关系，强化画面的空间进深，用提白笔和彩铅刻画地板的光影效果（图 5–28）。

▶ 图 5–25　商业餐厅绘制步骤①

▶ 图 5–26　商业餐厅绘制步骤②

▶图 5-27　商业餐厅绘制步骤③

▶图 5-28　商业餐厅绘制步骤④

任务二 “乡村书吧”快题设计

任务要求

要求设计两套手绘“乡村书吧”方案，并附以草图、效果图进行辅助说明。需充分考虑空间布局、色彩搭配、材质选择及光影效果等因素，营造舒适、美观且符合功能需求的室内环境。

快题方案须达到以下要求：

（1）创新性：展现独特的设计思路和创意，突破传统，给人以新颖的感受。

（2）功能性：满足特定的功能需求，设计具有实际的使用价值。

（3）合理性：对空间进行科学、高效的规划，确保人流、物流等流畅。

（4）美观性：具有较高的审美价值，造型、色彩等搭配和谐，能给人视觉上的享受。

（5）可行性：充分考虑技术、材料、成本等现实因素，确保方案能够实施。

任务实施

实训 1 “木凡书吧”方案设计

数字资源

①方案解读、方案草图绘制（图 5–29）。

②方案平面图绘制（图 5–30）。

③方案天花图绘制（图 5–31）。

④方案效果图绘制（图 5–32）。

⑤方案立面图绘制（图 5–33）。

⑥快题方案整体绘制（图 5–34）。

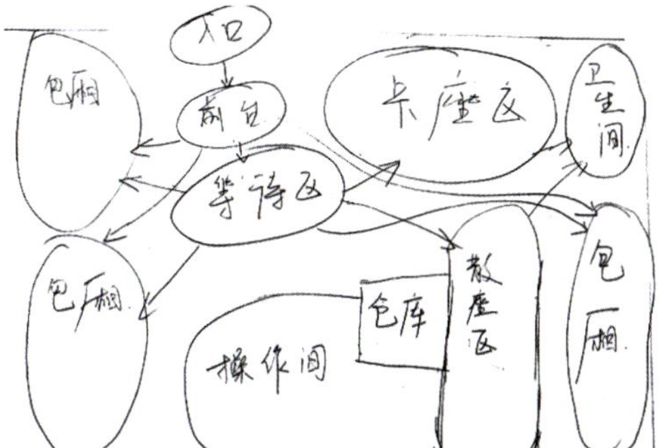

▶图 5–29 方案解读

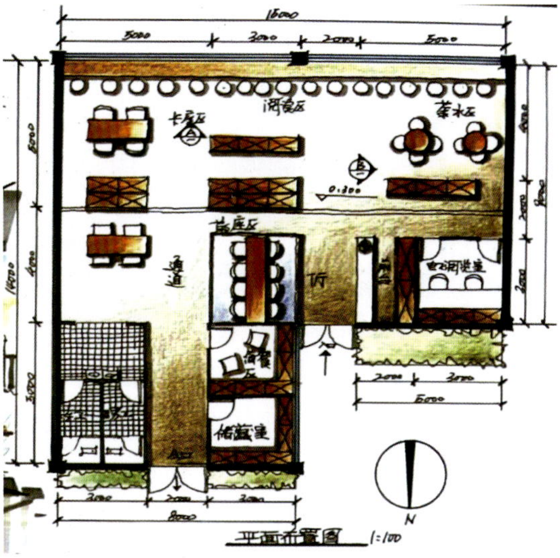

▶图 5–30 方案平面图

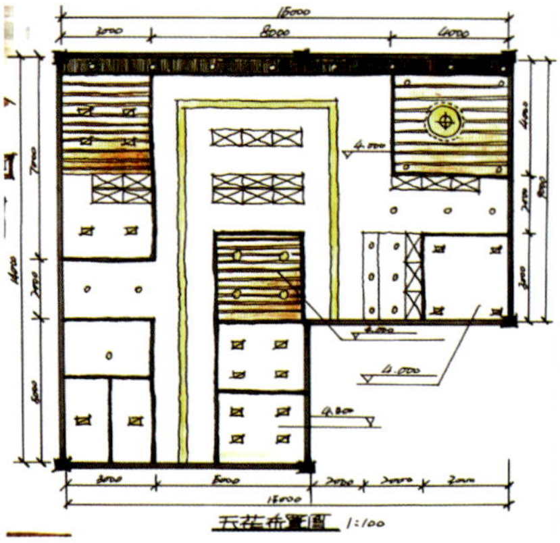

▶图 5-31　方案天花图

▶5-32　方案效果图

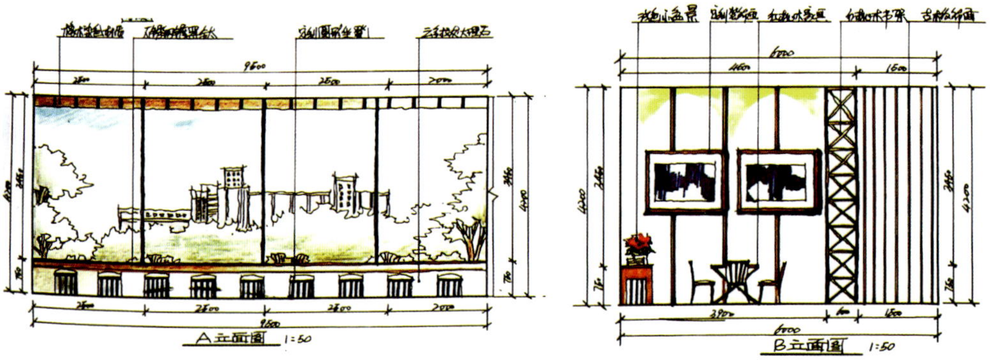

▶图 5-33　方案立面图

▶图 5-34　快题方案整体设计

实训 2　“绿皮火车主题书吧”方案设计

数字资源

①方案平面图绘制（图 5–35）。

②方案天花图绘制（图 5–36）。

③方案效果图绘制（图 5–37）。

④方案立面图绘制（图 5–38）。

⑤快题方案整体绘制（图 5–39）。

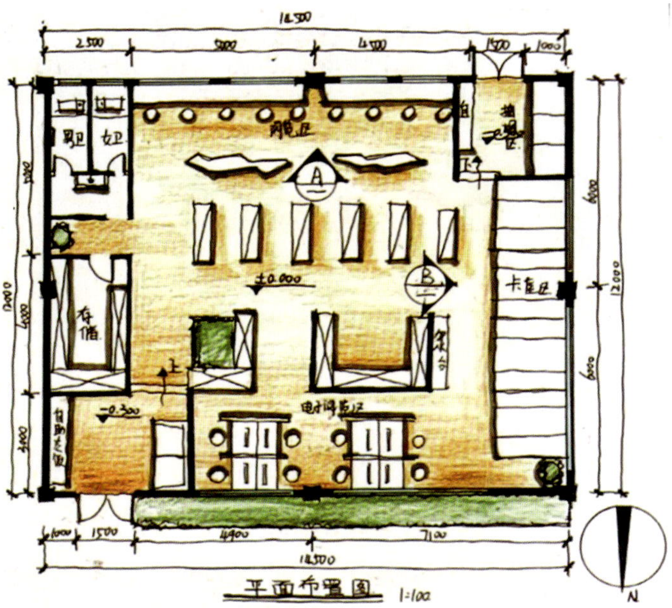

▶图 5–35　方案平面图

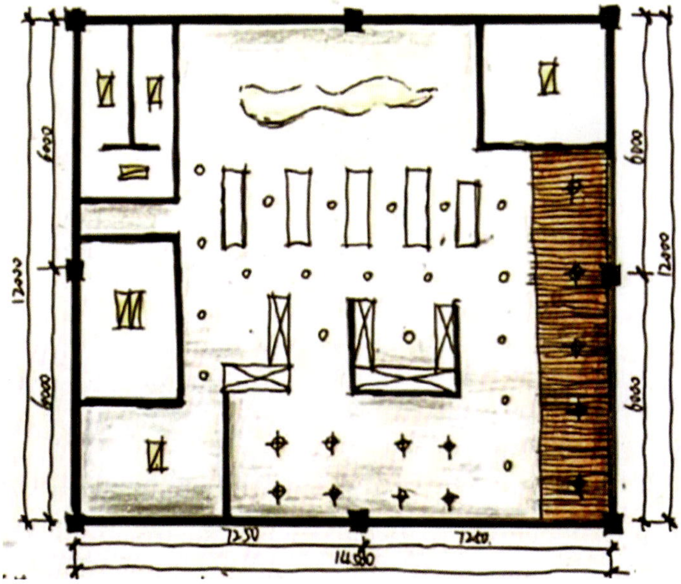

▶图 5–36　方案天花图

▶图 5-37　方案效果图

▶图 5-38　方案立面图

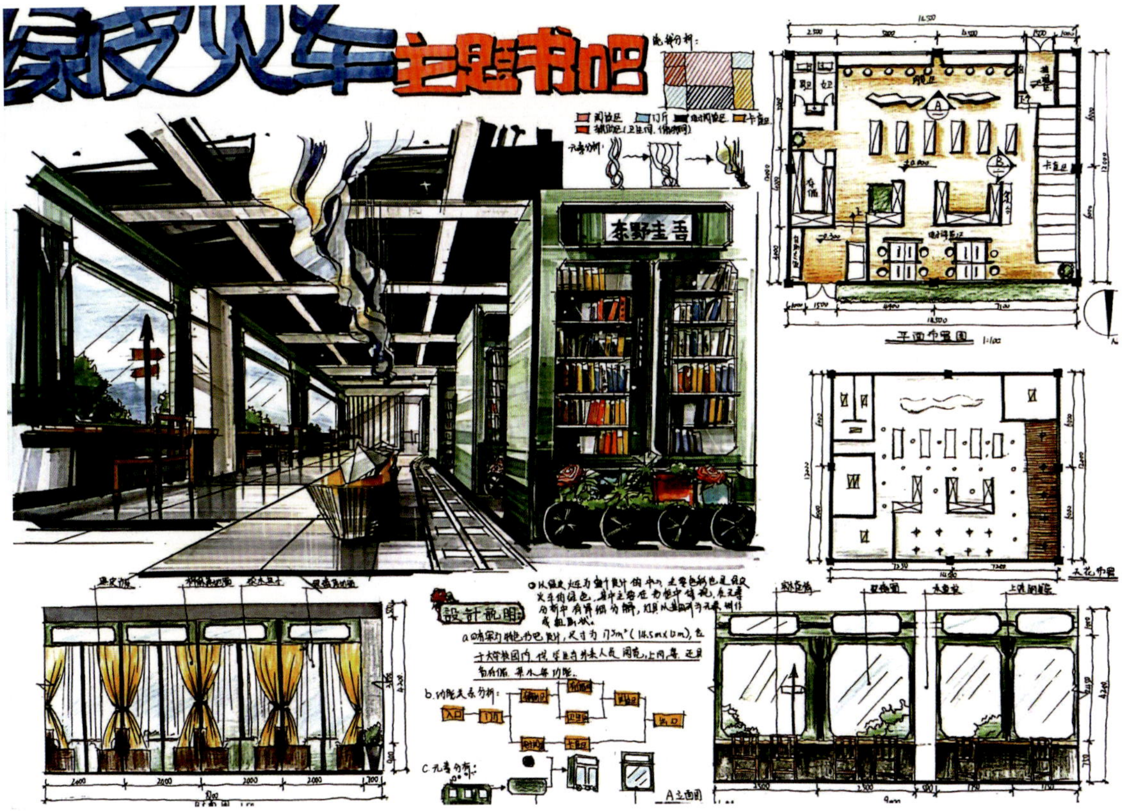

▶ 图 5-39　快题方案整体设计

竞赛知识

2023 年全国职业院校技能大赛环境艺术设计赛项（高职组）

设计内容：“亭台六七座·八九十枝花”农家书屋设计。

设计背景：坐落于某乡村公共活动中心内，农家书屋以“亭台六七座·八九十枝花”为主题。主题鲜明，个性突出，符合国家乡村振兴建设需求，包含阅读区、村民交流区、乡村文创产品展示区、微景观休闲区等多元化共享空间，满足村民多元化需求，为村民提供便利的交流、分享的空间。空间概况请参照附件中的平面图及基本空间模型文件，西面为主入口，层高 6.5 米，外门高 2.4 米。

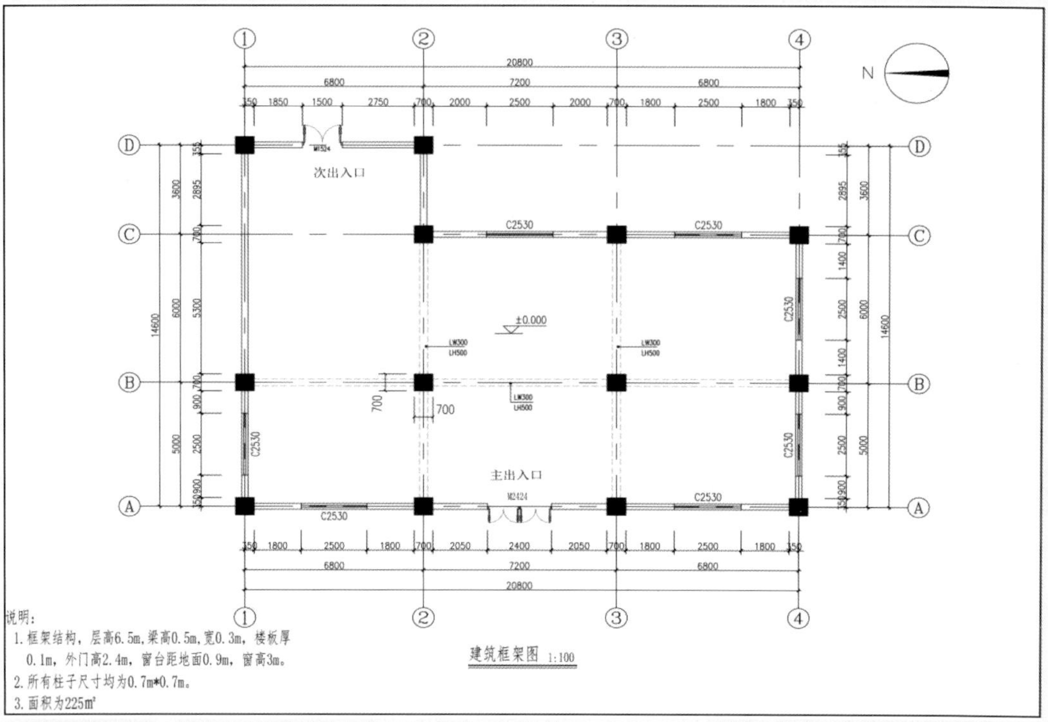

▶ 图 5-40　建筑框架图

▶ 图 5-41　基本空间模型示意图

模块一：专业基础及手绘构思设计方案（竞赛时长：2 小时）

模块 1-1: 手绘室内平面布局草图一张

根据提供的建筑框架图，结合主题设计平面布局草图，空间设计围绕“亭台六七座・八九十枝花”农家书屋进行设计规划。平面布局设计中，空调及消防系统等封闭式空间不在此次设计范围内，卫生间空间适当预留 25 ㎡ ~35 ㎡可以不做设计。

在 A3 绘图纸一上绘制平面布局草图，比例自定，在不改变外墙结构的基础上进行布局与设计。平面布局草图绘制与表现手法不限，但在图中应能明确体现功能布局与流线设计，能进行较为明确的文字与设计尺寸标注，图中可以适当上色以增加材料及画面表现效果。

模块 1-2：手绘体现主题的装饰贴图一张，并附构思创意过程草图

在 A3 绘图纸二上，根据赛题绘制体现主题的装饰贴图一张，并附构思创意过程草图，可将提炼的元素应用于该空间的任意界面和陈设品设计中。规格、尺寸、材料自定，工具及表现手法不限。

模块 1-3：手绘主题装饰元素草图一张，并编写 100 字以上设计说明

在 A3 绘图纸三上，根据赛题所要求的主题设计绘制装饰元素草图以及装饰元素的推导创意过程，不限画面形式与表现方式、图形数量，可将构思过程、图形演化、造型推演等综合表现在一起，并可适当添加文字说明，大小尺寸自定。图形轮廓线采用针管绘图笔，其他工具、色彩及表现手法自定。编写一段不少于 100 字的设计说明，设计说明应归纳概括并准确表达设计过程及创新亮点等，采用黑色针管绘图笔，要求书写工整清晰，在页面中的位置及大小自定。

模块 1-4：手绘体现主题元素的彩色界面草图一张，附创意推导过程

在 A3 绘图纸四上，根据平面图及初步设计方案，选择某一最能反映设计构思及设计元素的界面（可选取界面局部），绘制水平投影图，比例自定。界面设计中应体现主题设计元素的运用，并附创意推导过程。图形轮廓线及标注采用针管绘图笔，其他工具及表现手法自定，可以适当上色以增加材料及画面的表现效果。

核心知识小结

1. 手绘空间快速表现要点

设计元素与构成；线条与比例；光影与色彩；透视与空间表现；创作技巧与实践。

2. 手绘空间快速表现步骤

用铅笔绘制草稿；用针管笔绘制线稿；用马克笔绘制主要色彩关系；用彩铅增加材质细节；用提白笔和涂改液增加高光细节。

3. 快题方案设计流程

快题任务书解析；快题草图绘制；快题平面图设计与制作；快题分析图设计与制作。

练习思考

1. 手绘空间快速表现的法则是什么？
2. 快题设计有哪几种常见的空间类型？

学习评价

项目自评、互评及导师评价表

<table>
<tr><td colspan="7">专业：　　　　　　班级：　　　　　　学生：　　　　　　指导老师：</td></tr>
<tr><td>序号</td><td>评价维度</td><td>分值</td><td>评价内容</td><td>学生自评（20%）</td><td>学生互评（20%）</td><td>教师评价（60%）</td></tr>
<tr><td>1</td><td>知识掌握</td><td>20分</td><td>理解核心理论（如透视原理、光影规律、材质特性等），能准确回答理论问题，能通过草图或文字说明设计思路</td><td></td><td></td><td></td></tr>
<tr><td>2</td><td>技能应用</td><td>40分</td><td>线条流畅，透视准确；色彩搭配协调，过渡自然；材质表现真实，细节刻画到位；空间层次分明，比例合理</td><td></td><td></td><td></td></tr>
<tr><td>3</td><td>创意表现</td><td>20分</td><td>构图新颖，设计有独创性，艺术感染力强，具有个性化表达效果</td><td></td><td></td><td></td></tr>
<tr><td>4</td><td>工具使用</td><td>10分</td><td>熟练操作马克笔、彩铅等工具，工具维护规范，作画效率高</td><td></td><td></td><td></td></tr>
<tr><td>5</td><td>职业态度</td><td>10分</td><td>按时提交作品，积极参与讨论，主动优化修改，团队协作与沟通</td><td></td><td></td><td></td></tr>
<tr><td colspan="4">合计得分</td><td colspan="3"></td></tr>
<tr><td colspan="5">学生自评总结：</td><td colspan="2">签名：</td></tr>
<tr><td colspan="5">同学互评建议：</td><td colspan="2">签名：</td></tr>
<tr><td colspan="5">教师评语与改进要求：</td><td colspan="2">签名：</td></tr>
</table>

06 项目六

数字手绘空间表现

学习目标

知识目标

掌握 iPad 数字手绘基础理论，理解 Procreate 核心功能与界面操作，熟悉图层、笔刷及透视辅助工具应用。掌握家具线稿、空间效果图的绘制流程与规范，能区分数字与传统手绘的技法差异及适用场景。

能力目标

具备使用 Procreate 完成家具线稿、民宿空间效果图的实操能力，熟练处理光影、材质与色彩搭配。能独立完成从草图到成图的数字化表现，优化设计细节，提升作品专业性与视觉表现力。

素质目标

培养数字化艺术创作中的审美判断力与创新思维，形成严谨规范的设计习惯。增强跨媒介学习意识，提升团队协作中沟通与方案表达能力，建立对新技术工具的探索热情。

思政目标

通过数字化技术传承工匠精神，强化“科技 + 设计”的创新意识。在民宿设计中融入本土文化元素与乡村振兴理念，践行低碳环保的设计价值观，培养服务社会需求的职业责任感。

岗位要求

胜任室内设计师、效果图表现师等岗位，能运用 Procreate 高效输出设计方案。适应数字化协作流程，具备对接施工、软装等环节的图纸表达能力，熟练运用云端协作工具，持续跟进数字手绘技术迭代趋势。

思维导图

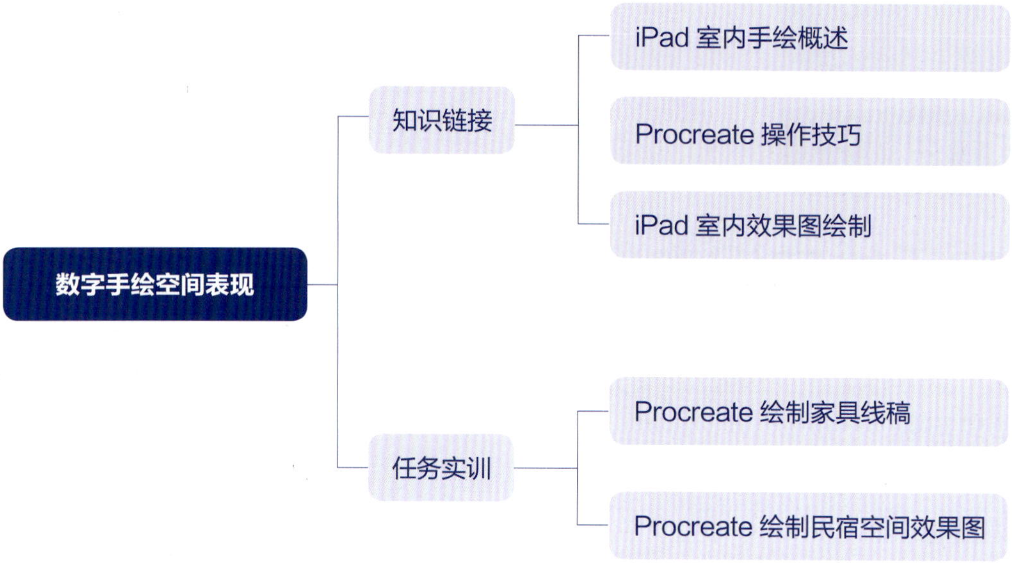

项目导入

数字化工具正重塑室内设计表达方式，iPad 手绘凭借灵活高效的特点成为行业新趋势。本项目以 iPad 手绘软件 Procreate 为核心，聚焦数字手绘空间表现全流程：从软件基础操作到家具线稿绘制，从光影材质刻画到完整民宿空间效果图呈现。通过技术解析与案例实操，掌握数字工具在透视修正、方案迭代及细节优化中的优势，突破传统手绘的局限性。学习过程中需融合艺术审美与技术逻辑，运用“数字 + 传统”的双轨表达，提升设计成果的可视化效率与行业适配度，为智能化设计时代储备核心竞争力。

思考

Procreate 的图层功能如何提升绘图容错率？Procreate 中哪些功能可优化空间透视与材质表现？

知识链接

数字资源

一 | iPad 室内手绘概述

iPad 室内手绘是一种利用 iPad 及其配套的手绘软件（如 Procreate）进行室内手绘表现的技法。随着科技的进步，iPad 等平板电脑设备以及配套的手绘软件不断发展成熟，为设计师提供了更为便捷、高效的设计工具。设计师可以利用 iPad 的触控屏和手写笔，结合手绘软件的强大功能，实现室内设计的快速表现和修改。

iPad 室内手绘具有以下几个特点。

（1）便捷性：iPad 手绘可以随时随地进行，不受地点和设备的限制，方便设计师在现场与客户沟通和修改方案。

（2）高效性：iPad 手绘可以大幅缩短设计周期，提高设计效率。例如，有些设计师可以利用 iPad 手绘在 30 分钟内完成设计效果的初步呈现，一小时内完成与客户的沟通并确认方案。

（3）真实性：iPad 手绘软件提供了丰富的材质、笔刷和灯光效果，可以模拟真实的光影和材质质感，使设计效果更加逼真。

（4）互动性：设计师通过 iPad 手绘可以与客户进行实时互动，客户可以直接在 iPad 上查看和修改设计方案，从而提高沟通效率和客户满意度。

二 | Procreate 操作技巧

Procreate 是专为 iPad Pro 和 Apple Pencil 而设计的绘图软件，它充分利用 iPad Pro 强大的组件，能够提供无与伦比的创作体验。Procreate 自带一百多种不同的画笔，支持 Apple Pencil 的倾斜和压力感应。

（一）创建和编辑画布

启动 Procreate 后，图库页面没有任何图像文件，必须导入照片或点击“+”新建画布，才能使用软件中的功能进行编辑处理（图 6-1）。

点击“+”新建画布，创建自定义大小，选择相应尺寸，设置画布各项参数（图 6-2）。点击“创建”，可创建一个空白画布。

（二）熟悉工作界面

Procreate 的界面非常简洁，主要由快捷栏、菜单栏和绘图区组成（图 6-3）。

1. 快捷栏

（1）调整画笔大小：用于调节画笔、涂抹和橡皮擦的大小。

（2）吸色：用于在绘画区及时吸取相应色彩。

（3）调整不透明度：用于调节画笔、涂抹和橡皮擦的不透明度。

（4）撤销：点击撤销按钮，可以撤回上一步或者重做。

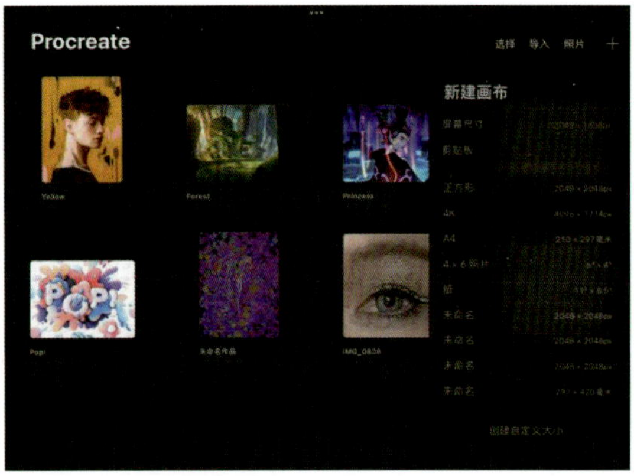

▶ 图 6–1　新建画布

▶ 图 6–2　自定义画布

▶ 图 6–3　Procreate 工作界面

2. 菜单栏

（1）图库：用于组织并管理作品、创建新画布、导入图像或分享自己的作品。

（2）操作：包含插入、分享、调整画布及内容等实用功能，并且可以用于调整界面和触摸设置。

（3）调整：用专业的图像效果将我们的作品雕琢完美。快速调节复杂色彩，应用“渐变映射”，或应用“锐化”“杂色”等效果。

（4）选取：包含四个选取工具和一系列高级选项，可以用于编辑图像，让作品得到精准的优化。

延伸阅读

iPad 手绘工具

1. iPad

当前能满足室内设计和绘图需求的iPad机型有13英寸iPad Pro(M4)、11英寸iPad Pro(M4)、13英寸 iPad Air（M2）、11 英寸 iPad Air（M2）、iPad（第十代）、iPad mini(第六代）等。容量建议选择 128 GB 或 256 GB，这样才能保证运行速度，也能存储比较多的图片。

2. Apple Pencil

Apple Pencil 拥有像素级精准度，延迟极低，使用感觉就像用笔写字一样自然称手。倾斜角度感应和压力感应十分灵敏，让人可以顺畅自然地书写和绘画，呈现线条的粗细深浅的渐变，以及各种艺术效果。

3. Procreate

Procreate 是一款专业的绘图应用，让 iPad 也能够拥有和台式电脑绘图软件相媲美的绘图效果。Procreate 充分利用 iPad 屏幕触摸的交互方式，具有更加人性化的设计效果，设计师就像拥有一个属于自己的移动艺术工作室。创意人士能够随时捕捉灵感，通过简易的操作系统和专业的功能集合进行素描、填色、设计等艺术创作。Procreate 的主要特点包括突破性的画布分辨率、136 种简单易用的画笔、高级图层系统以及 iOS 系统上最快的绘图引擎 Silica M。Procreate 是专为移动设备打造的专业级绘图软件，支持多种触控笔（包括 Apple Pencil 等）和手指绘画，可以帮助设计师轻松完成各种风格作品的创作。

（5）变换：包含四个变换变形工具和一系列高级选项。有“自由变换”“等比”等基本缩放功能，以及“扭曲”“弯曲”等扭曲网格功能。

（6）画笔：系统自带多种笔刷。我们还可以管理“画笔库”，导入自定义笔刷或分享自制笔刷。单击选定的画笔，会看到更多关于笔刷的属性情况，可以根据需要对笔刷的每个属性进行设置。

（7）涂抹：给作品上色的时候需要用到此功能。选择涂抹工具图标，然后再点击它一次，会弹出涂抹工具的画笔组面板。涂抹与画笔共享相同的画笔组，可以利用“画笔库”生成一系列不同的画笔效果。

（8）橡皮：可以修改错误或者对画面进行调整，在“画笔库”中也有各种不同的样式可供选择。

（9）图层：就像在不同的纸张上面绘制不同的元素，一张张按顺序叠放在一起，就会形成画面的最终效果。通过图层可以更轻松地编辑、移动或删除某些元素，还可以为元素重新上色（图 6-4）。

3. 色板

（1）“磁盘”模式：呈现为色环的形式。可以在色环中调整色相以及色彩的明度和饱和度（图 6-5）。

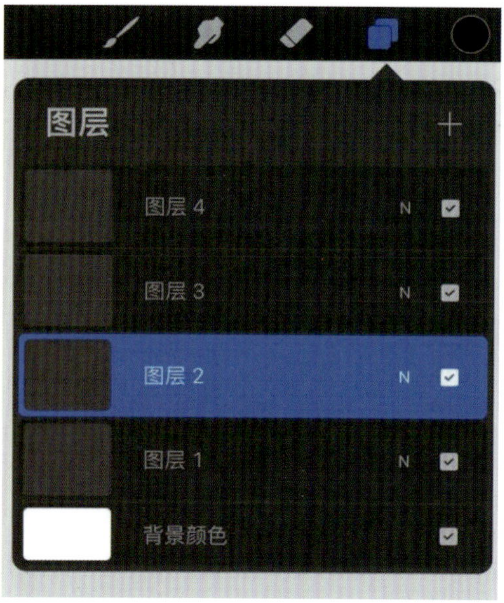

▶ 图 6-4　图层

▶ 图 6-5　“磁盘”模式

（2）“经典”模式：通过对色彩三要素进行调整来选择颜色。三条色带从左到右分别是用于控制色相、饱和度和明度的，可以根据需求自行选择（图 6-6）。

（3）“值”模式：通过调整 HSB、RGB 或 CMYK 的值进行颜色的选择。HSB 代表色彩三要素（色相、饱和度和明度），可以让我们更精确地选择色彩（图 6-7）。

（4）“调色板”模式：通过已经调好色的色卡来配色。我们可以直接导入照片，这时软件会根据图片配色生成一组色卡。这是一种非常便捷的配色方式（图 6-8）。

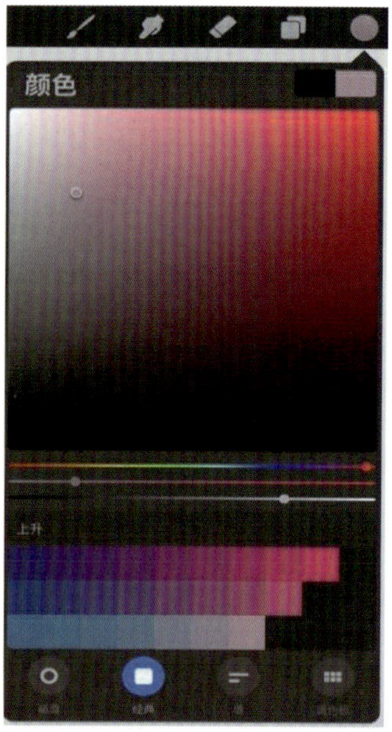

▶ 图 6-6　“经典”模式

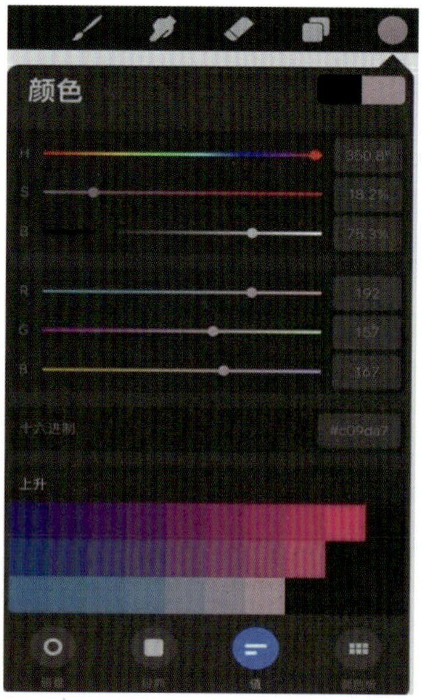

▶ 图 6-7　“值”模式

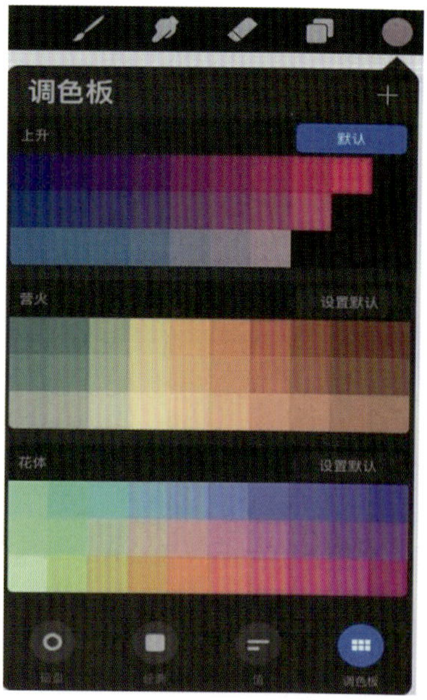

▶ 图 6-8　“调色板”模式

☆ 思政之窗

虚实相生

“虚实相生”是中国传统艺术创作中的表现方法。虚实相生，指虚与实两者的统一，实是虚的基础，虚是实的补充、准备和发展。虚实结合，以虚代实，以实带虚，化虚为实，化实为虚，将形象、形式、意境的间接性与直接性、鲜明性与含蓄性统一起来，形成真实与空灵，有限与无限相结合的艺术形象和艺术意境。

“虚实相生”是中国传统美学的精髓，既指艺术表达的辩证关系，亦蕴含“有无相成”的哲思。在数字手绘空间表现中，这一理念体现为数字工具与传统手绘的交融：软件笔刷的压感虚实模拟手绘温度，图层叠加的透明层次呼应空间呼吸感，光影渲染的强弱对比营造意境纵深。真正的数字化表达非技术堆砌，而是以“虚”拓展想象边界，以“实”锚定功能需求，在虚拟与现实间架设设计的桥梁。

（三）掌握快捷手势命令

以下常用基础手势适用于 Procreate 的各种情境，对于绘图非常重要。

（1）一个手指长按：可以吸取画面上的颜色，随着手指在屏幕上移动，就可以吸取手指所在位置的颜色（图 6-9）。

（2）两指捏合屏幕：放大缩小画布。用两个手指在屏幕上向内捏合或向外滑开，可以缩放画布（图 6-10）。

（3）两指旋转屏幕：旋转画布。手指捏拉的同时，旋转手指的位置，就可改变画布的方向，旋转所需角度（图 6-11）。

（4）双指轻点屏幕：撤销操作。用任意两个手指轻点画布上的任何地方，就可以撤销上一步操作。如果连续地双指轻点，可以实现连续撤销（图 6-12）。

（5）三指轻点屏幕：还原撤销。如果撤销的次数过多，想要回到上一步的操作，即可还

▶ 图 6-9　一个手指长按

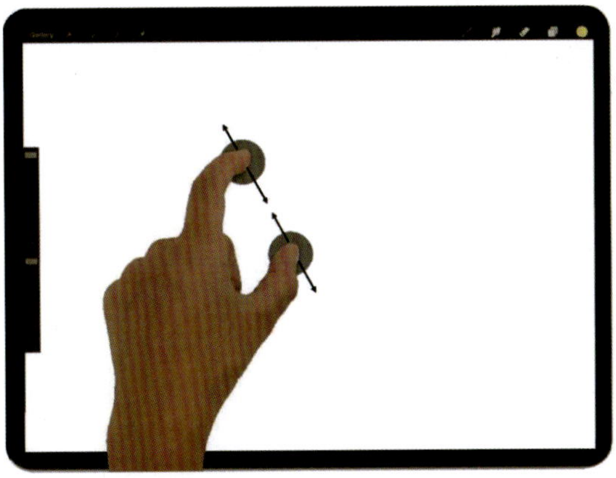

▶ 图 6-10　两指捏合屏幕

原撤销。用任意三个手指轻点画布上的任何地方，即可实现还原撤销。如果连续地三指轻点，可实现多步还原撤销（图 6-13）。

（6）三指自上向下滑：显示剪切、拷贝、粘贴等命令（图 6-14）。

（7）三指左右滑动：消除图层。三指在画布上任意位置左右来回移动，即可快速擦除当前图层的所有内容（图 6-15）。

（8）四指轻点屏幕：隐藏菜单栏，进入全屏模式（图 6-16）。

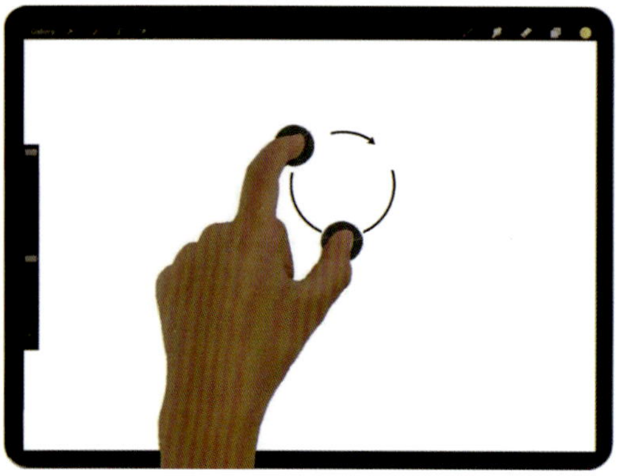

▶图 6-11　两指旋转屏幕

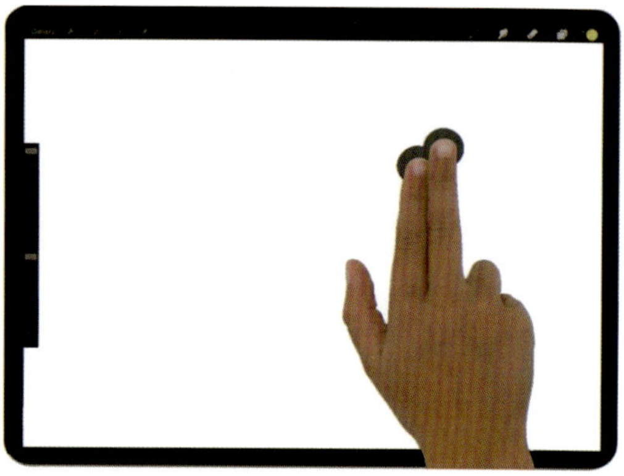

▶图 6-12　双指轻点屏幕

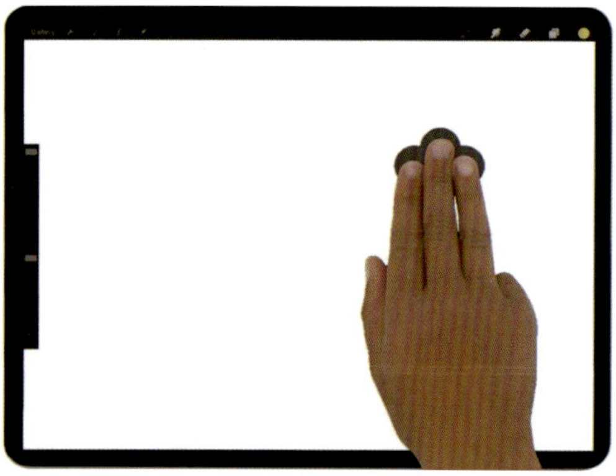

▶图 6-13　三指轻点屏幕

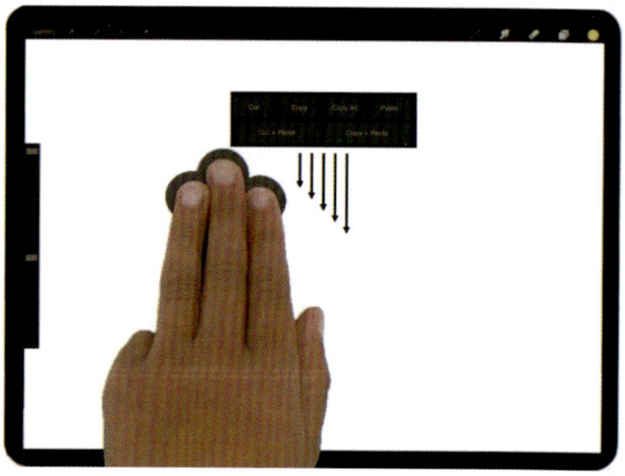

▶图 6-14　三指自上向下滑

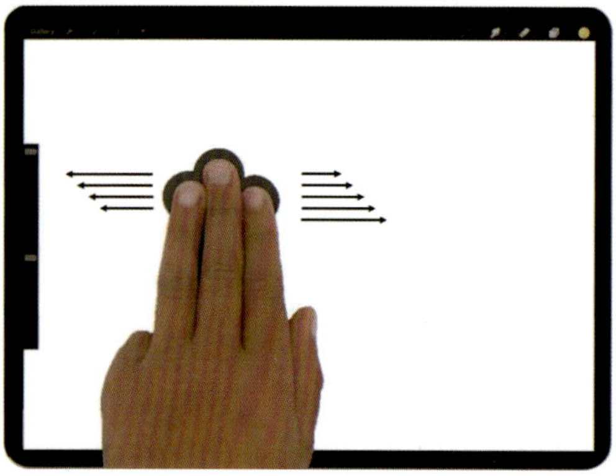

▶图 6-15　三指左右滑动

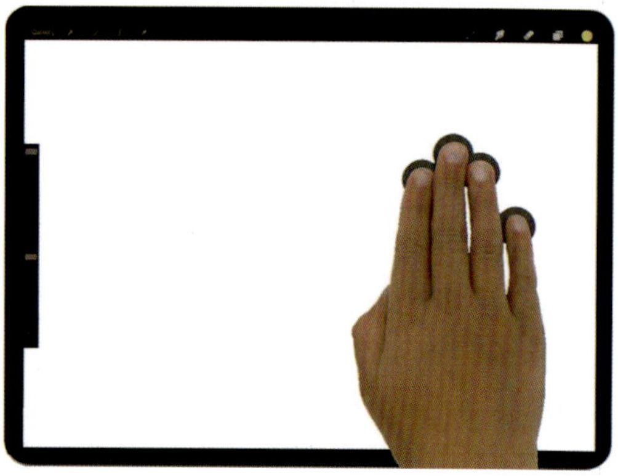

▶图 6-16　四指轻点屏幕

三 | iPad 室内效果图绘制

（一）透视建立

1. 了解透视辅助工具

Procreate 自带一套专门用于透视绘图的工具。

点击菜单栏中的“操作”，点击“画布”，打开“绘图指引”，选择“编辑绘图指引”，进入“绘图指引”视图（图 6-17、图 6-18）。

（1）“绘图指引”视图顶部滑条：手指拖动彩色滑条，可以改变线条色彩。

（2）“绘图指引”视图底部菜单：有“2D 网格”“等大”“透视”“对称”模式，可以根据绘图维度进行选择。也可调整“厚度”“不透明度”“网格尺寸”等数值，以及对“辅助绘画”进行开关命令。

2. 建立透视界面

（1）建立平行透视界面。

平行透视是最简单的透视模式，垂直和水平线条与画布的边缘保持平行，线条会向单个透视点汇集。

我们可以在“绘图指引”底部菜单栏选择“透视”，在下方调节线条粗细和不透明度。再单击“绘图区”，即可创建一个消失点。拖动消失点，放置在画布任意位置或画布外，此时所有线条会向这个点汇集（图 6-19）。

只采用平行透视时，拖动节点可以旋转视平线。点击消失点，则可以选择“删除”或“选择”命令（图 6-20）。

（2）建立成角透视界面。

成角透视界面，只有垂直线互相平行；水平向线条会向视平线上的两个透视点之一汇集。此种透视效果会比平行透视显得更真实。

再次单击“绘图区”，可以创建第二个消失点。当有两个消失点时，水平线的位置就会受我们消失点定位的影响（图 6-21）。

在 Procreate“绘图指引”的透视模式中，我们最多设置三个消失点，生成最为写实的三点透视界面，线条向三个消失点之一汇集。这

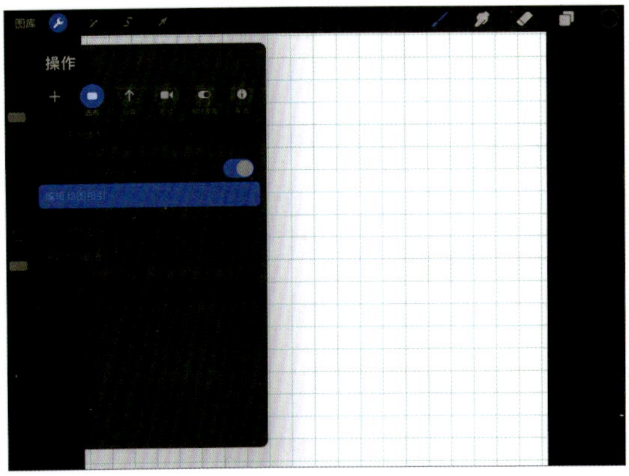

▶ 图 6-17　打开“操作”面板

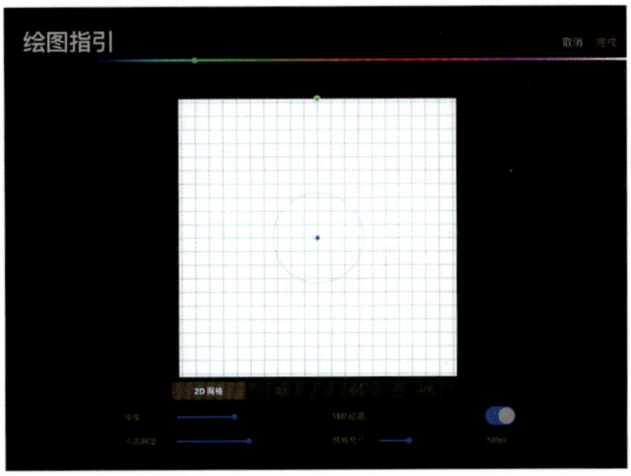

▶ 图 6-18　进入“绘图指引”视图

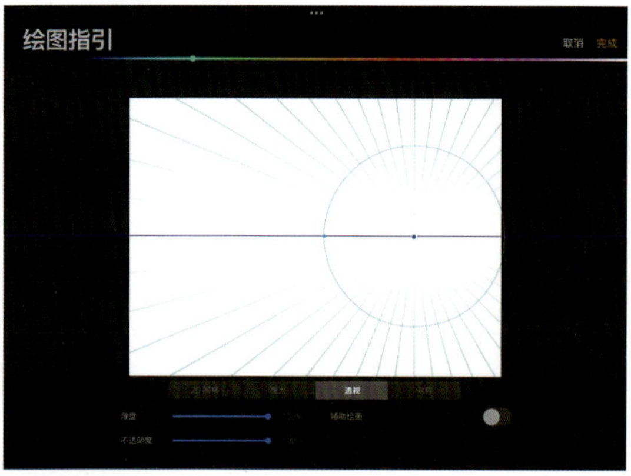

▶ 图 6-19　创建一个消失点

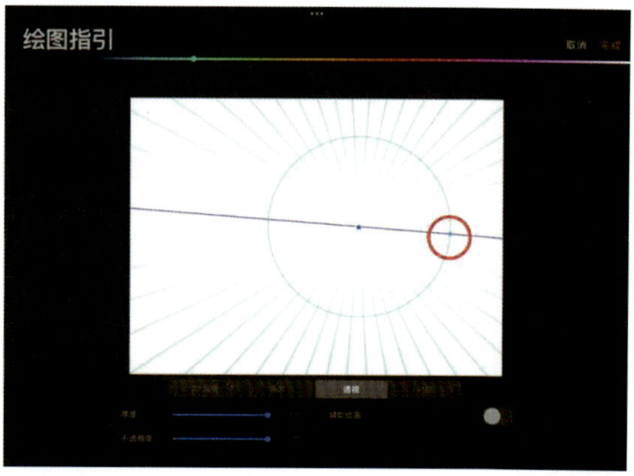

▶ 图 6-20　调整透视设置

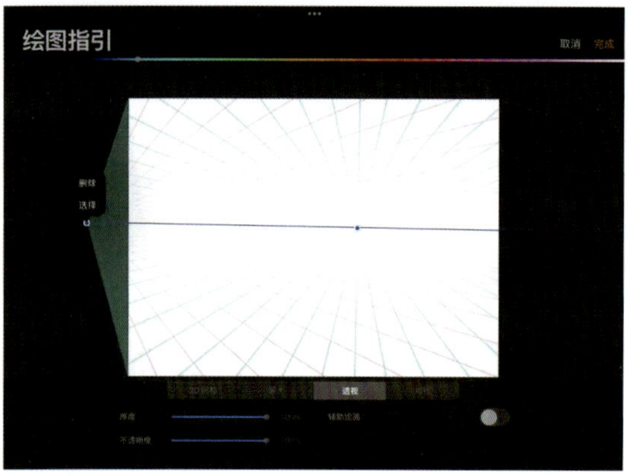

▶ 图 6-21　创建第二个消失点

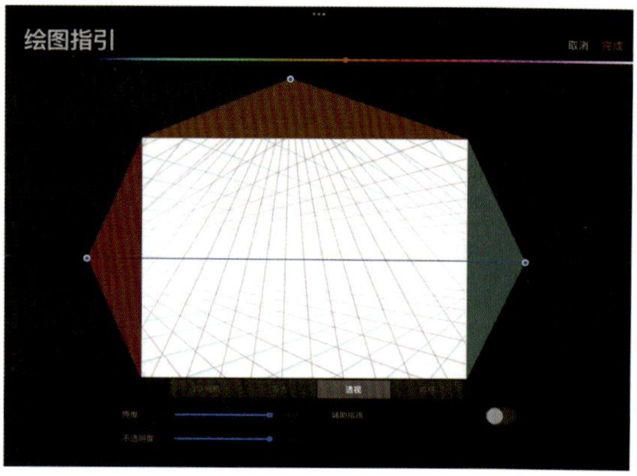

▶ 图 6-22　设置三个消失点

种透视最能模拟我们的现实视角，所有物件从我们眼前向远处延伸减退（图 6-22）。

当我们完成“绘图指引”的透视设定后，即可点击右上角的“完成”。

（二）线稿绘制

线稿在室内手绘创作中具有不可替代的重要作用，它不仅是作品的基础和起点，更是设计师表达创意、传递情感的重要工具。线稿能够确定室内空间的基本形状、构图和比例，帮助设计师在复杂的创作过程中保持清晰的方向和思路。

启用设置好的透视界面，打开图层列表，选定任一图层并打开图层选项，找到“绘画辅助”命令并打开（图 6-23）。

在启用“绘画辅助”后，笔画将会自动贴合“绘图指引”中所设置的角度，帮助我们快速画出符合空间透视的直线（图 6-24）。

若想再次启用“自由手绘”功能，必须先关闭“绘画辅助”。我们可以将“绘画辅助”添置在“速选菜单”中，用于快速转换绘图方式，在“自由手绘”和“绘画辅助”之间实现快速切换（图 6-25）。

结合使用“绘图指引”“绘图辅助”“速选菜单”和“速创形状”，能够快速绘制出透视空间线稿。

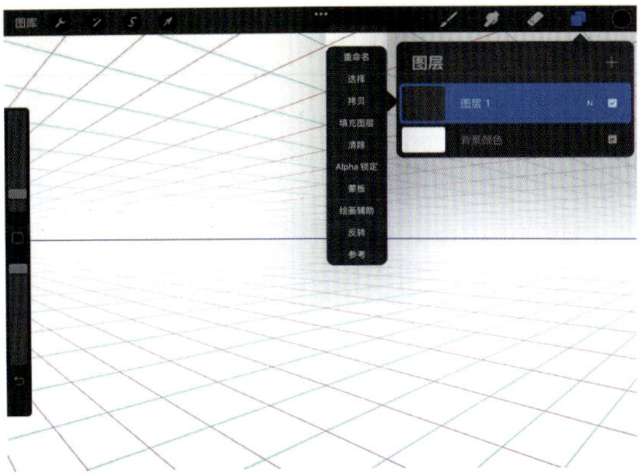

▶ 图 6-23　打开图层列表

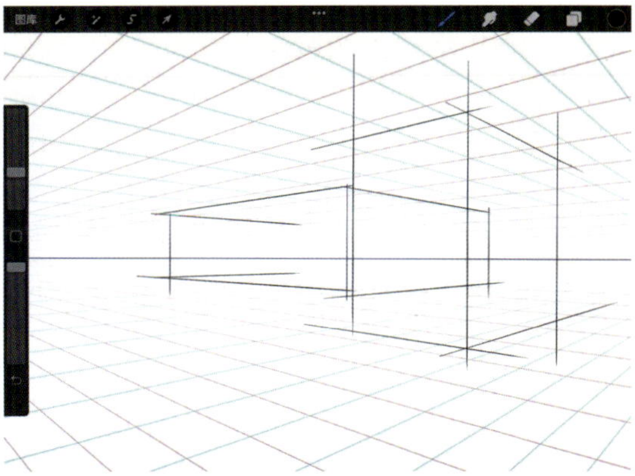

▶ 图 6-24　启用“绘画辅助”进行绘制

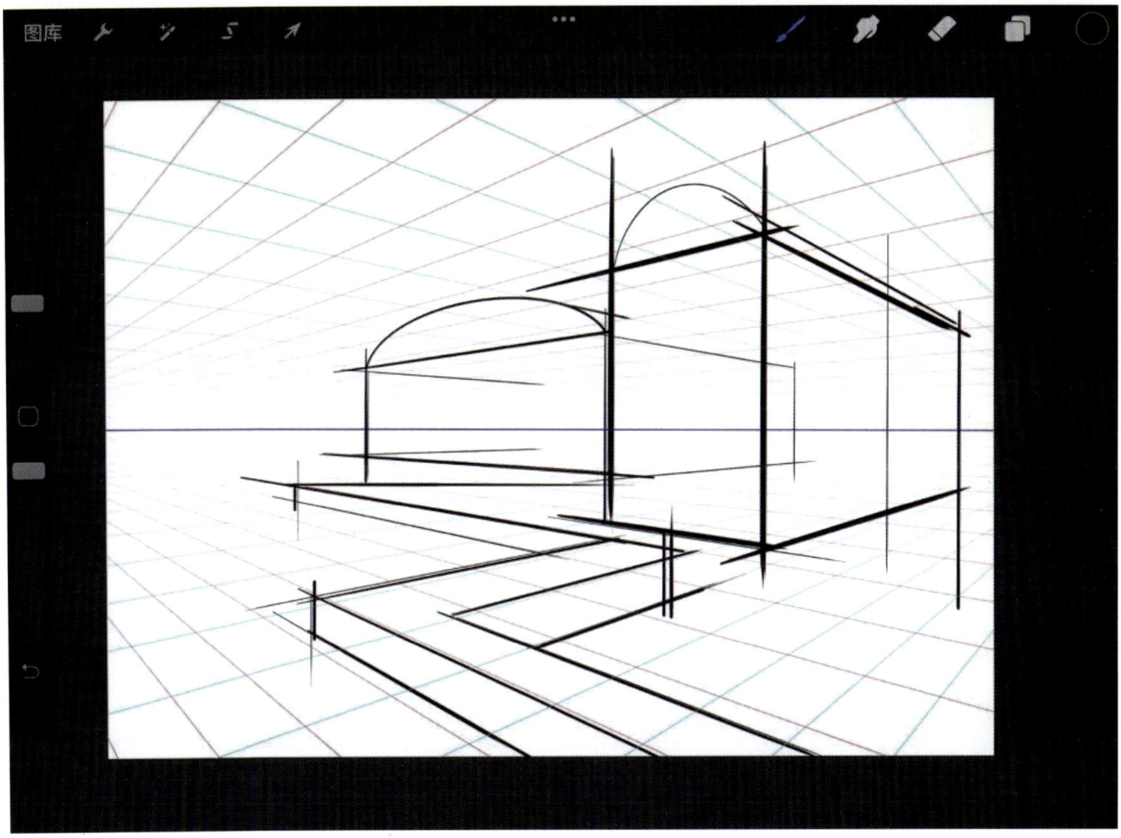

▶ 图 6-25　切换“自由手绘”进行绘制

（三）上色与材质填充

1. 上色

打开“绘图指引”视图，打开“辅助绘画”，创建平行透视绘图页面，完成平行透视线稿绘制准备（图 6-26）。

在“画笔库”中点击“着墨”，选择“Technical Pen”，开始绘制线稿（图 6-27）。

线稿绘制结束后，点击“选取”，在下面菜单栏选择“手绘”，框选上色区域（图 6-28）。

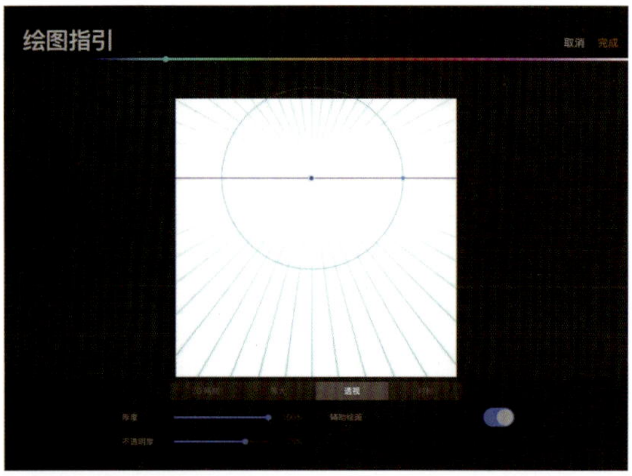

▶ 图 6-26　建立透视界面

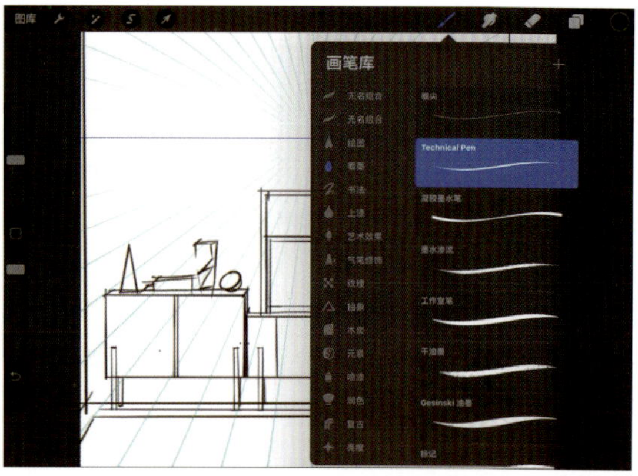

▶ 图 6-27　选择画笔进行绘制

▶ 图 6-28　选取上色区域

2. 材质填充

在“画笔库”中点击“上漆”，选择“平画笔”进行上色（图 6-29）。

上色时注意先铺底色，确定物体的的固有色。然后加强画面的明暗关系，注意空间的光影变化。最后，在“画笔库”中将材质“纹理”设置为“木头”，调整合适的参数，进行填充上色(图6-30)。

在“图库”中选择空间中需要的材质贴图，直接拖动添加至“图层”中，选择“变换”中的“扭曲”使材质贴图贴合透视（图 6-31）。

填充材质后，增加细节，再次进行整体调整，最终选择“图像格式”导出（图 6-32）。

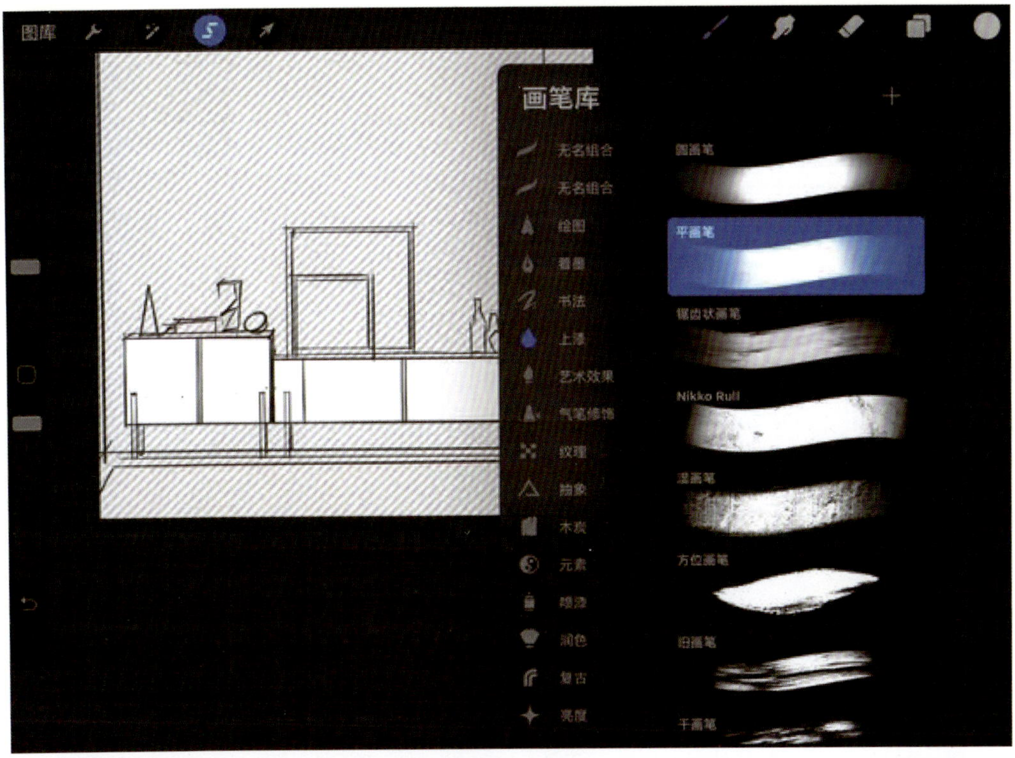

▶ 图 6-29　选择画笔进行上色

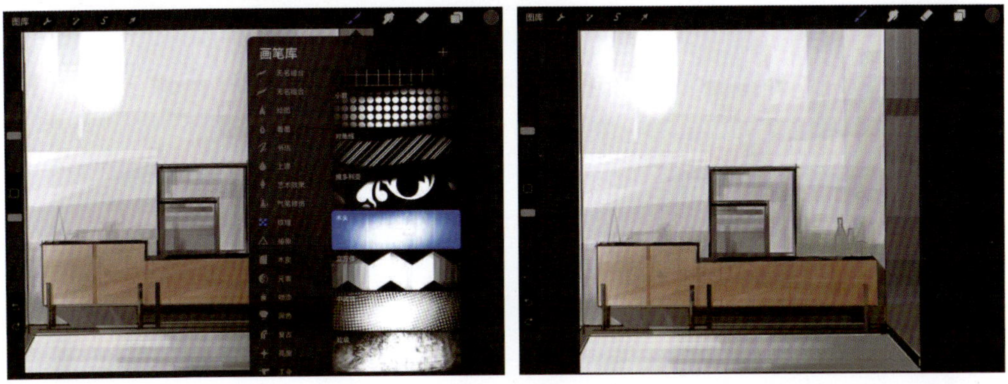

▶ 图 6-30　材质填充上色

▶ 图 6-31　添加材质贴图

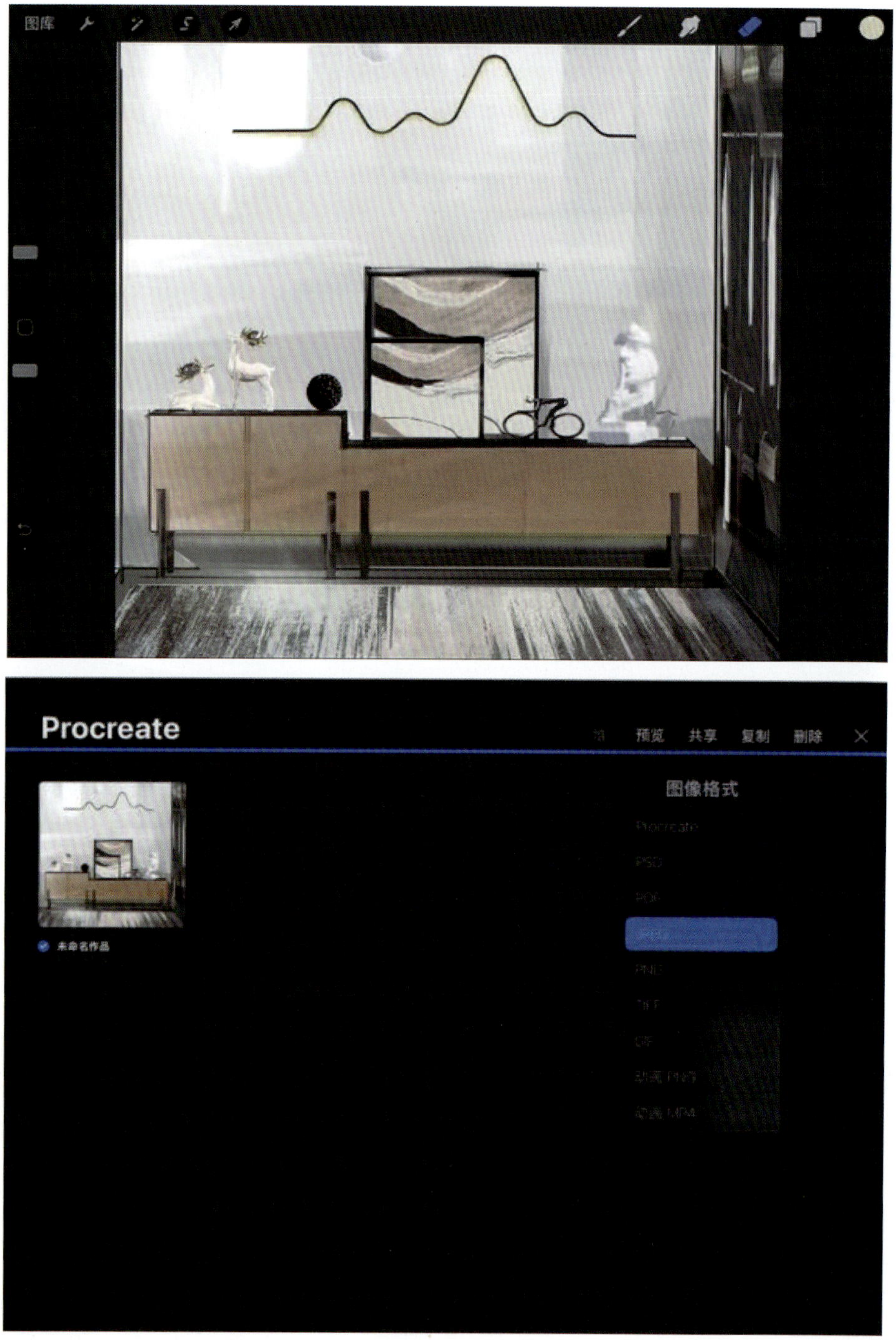

▶ 图 6-32　整体调整并导出

任务实训

任务一 Procreate 绘制家具线稿

任务要求

运用 iPad 手绘软件 Procreate 进行家具线稿绘制，要求用平行透视绘制单体沙发线稿，用成角透视绘制组合床品线稿。

任务实施

实训 1 平行透视单体沙发线稿绘制

①在“操作”工具面板中点击“画布”按钮，打开“绘图指引”功能，选择“编辑绘图指引”（图 6–33）。

②选择“2D 网格”，调整网格尺寸，打开“辅助绘画”，点击“完成”，得到绘图页面（图 6–34）。

③图中每个方格尺寸为 10 cm × 10 cm，根据预定尺寸，运用 Apple Pencil 绘制单体沙发草图（图 6–35）。

④打开图层列表，降低本图层不透明度，新建图层准备进行终稿绘制（图 6–36）。

⑤在草图的基础上进行终稿绘制，可在“自由手绘”和“绘画辅助”之间切换（图 6–37）。

⑥隐藏草图图层，关闭“绘图指引”，导出图片进行分享（图 6–38）。

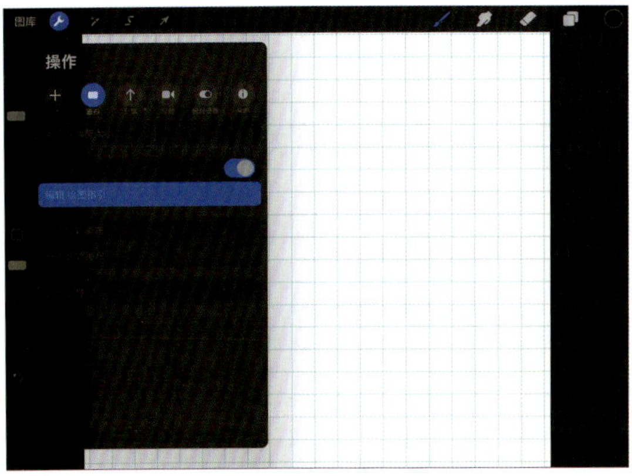

▶ 图 6–33 绘制步骤①

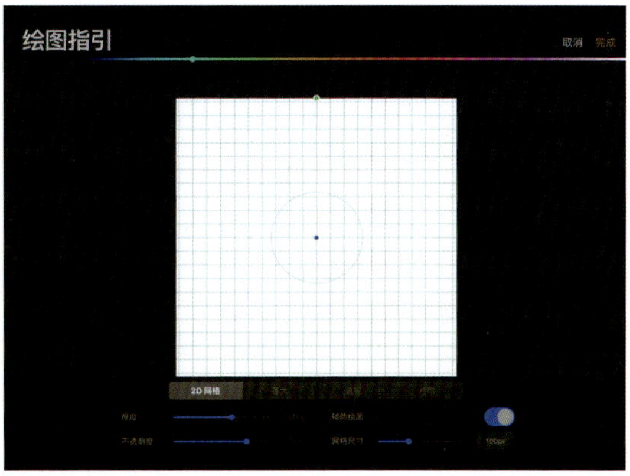

▶ 图 6–34 绘制步骤②

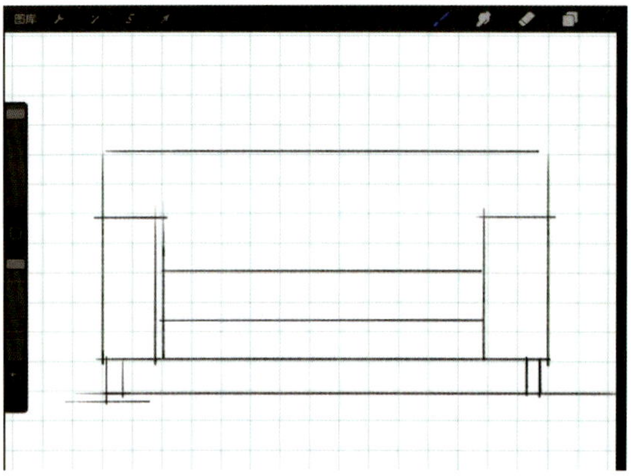

▶ 图 6–35　绘制步骤③

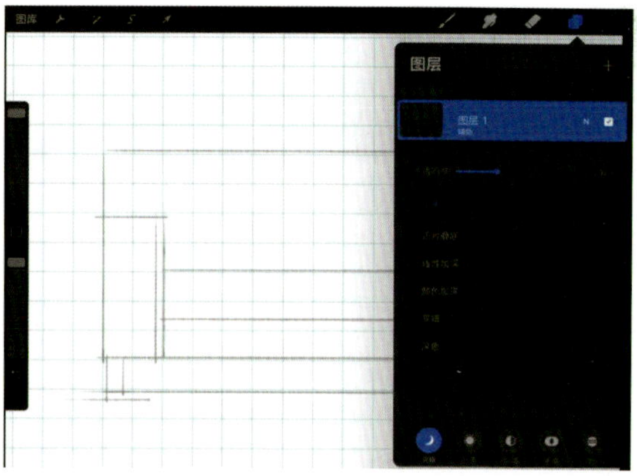

▶ 图 6–36　绘制步骤④

▶ 图 6–37　绘制步骤⑤

▶ 图 6–38　绘制步骤⑥

实训 2　成角透视组合床品线稿绘制

①在“操作”工具面板中点击“画布”按钮，打开“绘图指引”功能，选择“编辑绘图指引”（图 6–39）。

②选择“透视”，创建 2 个“消失点”形成成角透视，调整“厚度”和“不透明度”，打开“辅助绘画”，点击“完成”，得到绘图页面（图 6–40）。

③根据透视视角，确定组合床品的长宽高尺寸，运用 Apple Pencil 完成基础草图绘制（图 6–41）。

④打开图层列表，降低本图层不透明度，新建图层准备进行终稿绘制（图 6–42）。

⑤在草图的基础上进行终稿绘制，可在“自由手绘”和“绘画辅助”之间切换（图 6–43）。

⑥隐藏草图图层，关闭“绘图指引”，导出并分享图片（图 6–44）。

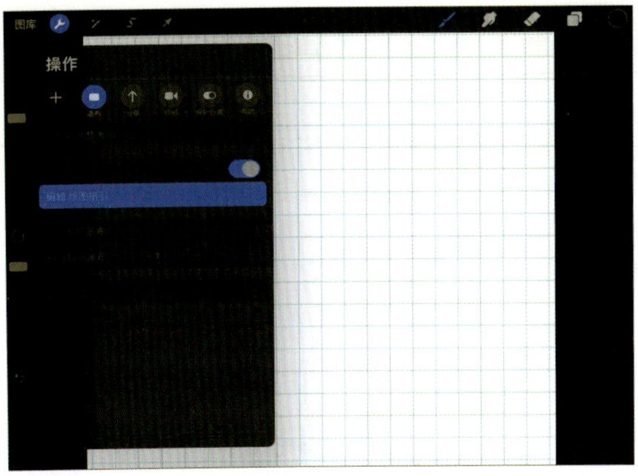

▶ 图 6–39　绘制步骤①

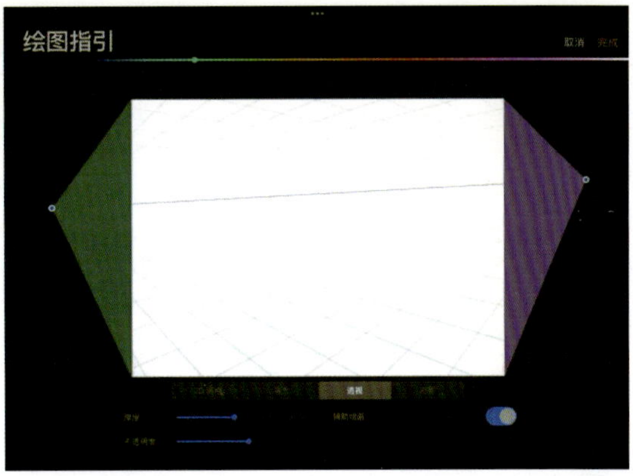

▶ 图 6–40　绘制步骤②

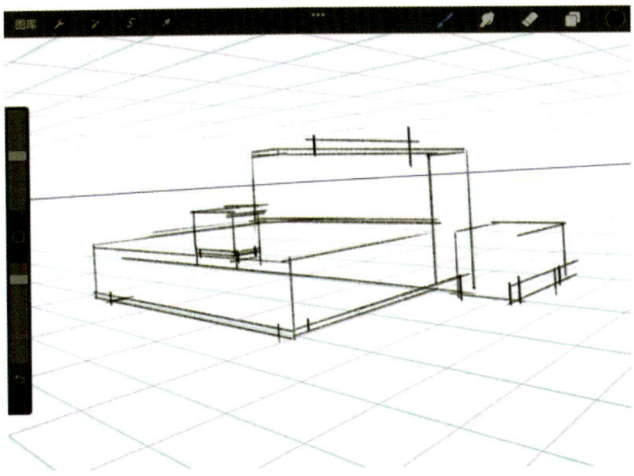

▶ 图 6–41　绘制步骤③

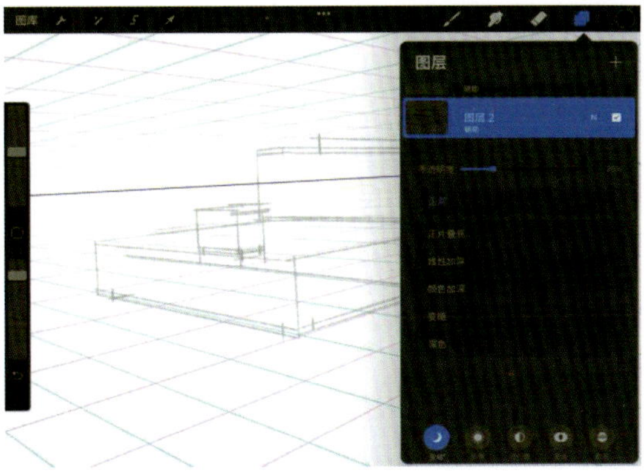

▶ 图 6–42　绘制步骤④

▶ 图 6–43　绘制步骤⑤

▶ 图 6-44　绘制步骤⑥

真题演练

Procreate 快速绘制效果图

利用 Procreate 绘制效果图，可在实地拍摄空间照片的基础上实现快速绘制。首先将空间照片导入 Procreate 中，运用“绘图指引”对照照片找到消失点和透视线，进行透视的应用（图 6-45）。在资源库中寻找合适风格的材质、贴图、软装，从资源库中直接导入，根据透视线对其进行合理布置。注意空间的光影变化，再次加强画面的明暗关系，对材质、贴图、软装进一步细化调整。最终将完成的效果图导出（图 6-46）。

▶ 图 6-45　实景照片

▶ 图 6-46　效果图

任务二 Procreate 绘制民宿空间效果图

任务要求

运用 Procreate 进行民宿客厅、卧室、餐厅空间绘制，要求空间透视准确、明暗关系突出、材质表现细腻、光感表达明确、色彩自然协调。

任务实施

①先采用 Procreate 自带的技术笔开始绘图，根据空间设计要点确定采用的透视构图方式，在 Procreate 中设置好消失点的位置以及视平线的高度之后，开始勾画空间整体框架。

②确定空间主光源，然后采用 Procreate 自带的笔刷——平画笔进行空间明暗关系的处理，再次加深投影和丰富线稿。

③确定好空间的表现风格，根据风格特征明确空间主色调以及主要材质。在 Procreate 中找到取色工具，根据空间的固有色进行整体着色，使用平画笔进行简单的铺色。

④从空间主体物开始进行细节刻画，进一步完善明暗关系及材质质感的表达，继续使用平画笔进行色彩关系的刻画，并且注意光影的明暗处理。

⑤最后使用平画笔进行空间的细节处理，并添加高光和灯光色营造空间氛围。

实训 1 民宿客厅效果图绘制

数字资源

▶图 6-47 客厅绘制步骤①

▶图 6-48 客厅绘制步骤②

▶图 6–49　客厅绘制步骤③

▶图 6–50　客厅绘制步骤④

▶图 6-51　客厅绘制步骤⑤

实训 2　民宿卧室效果图绘制

数字资源

▶图 6-52　卧室绘制步骤①

▶图 6-53　卧室绘制步骤②

▶图 6-54　卧室绘制步骤③

▶图 6-55　卧室绘制步骤④

▶图 6-56　卧室绘制步骤⑤

实训 3 民宿餐厅效果图绘制

▶图 6-57 餐厅绘制步骤①

▶图 6-58 餐厅绘制步骤②

▶图 6-59 餐厅绘制步骤③

▶图 6-60 餐厅绘制步骤④

▶图 6-61 餐厅绘制步骤⑤

数字资源

核心知识小结

1. Procreate 工作界面的组成

快捷栏；菜单栏；绘图区。

2. Procreate 色板的模式

“磁盘”模式；“经典”模式；“值”模式；“调色板”模式。

3. iPad 室内效果图绘制步骤

透视建立；线稿绘制；上色与材质填充。

练习思考

1. iPad 室内手绘有什么特点？

2. Procreate 的“绘画辅助”功能有什么作用？

学习评价

项目自评、互评及导师评价表

专业：			班级：	学生：		指导老师：
序号	评价维度	分值	评价内容	学生自评（20%）	学生互评（20%）	教师评价（60%）
1	知识掌握	20 分	理解核心理论（如透视原理、光影规律、材质特性等），能准确回答理论问题，能通过草图或文字说明设计思路			
2	技能应用	40 分	线条流畅，透视准确；色彩搭配协调，过渡自然；材质表现真实，细节刻画到位；空间层次分明，比例合理			
3	创意表现	20 分	构图新颖，设计有独创性，艺术感染力强，具有个性化表达效果			
4	工具使用	10 分	熟练操作马克笔、彩铅等工具，工具维护规范，作画效率高			
5	职业态度	10 分	按时提交作品，积极参与讨论，主动优化修改，团队协作与沟通			
合计得分						
学生自评总结：					签名：	
同学互评建议：					签名：	
教师评语与改进要求：					签名：	

附录

室内手绘表现案例集锦

模块导读

室内手绘表现技法的学习不能脱离对典型案例的参考和借鉴。本附录精选大量优秀设计师现场实战的手绘效果图表现案例，作为学习者拓展学习的素材和资源。在投入手绘创作之前，要多读、多看、多揣摩他人的优秀作品，从中感受、领悟作品的特点，进而提高“眼力”，即对手绘效果图表现的鉴赏能力。另外，在学习过程中要注意不能“看一笔画一笔”，照猫画虎，要在理解案例整体构思的基础上一气呵成，这样才能把握好空间的整体性与紧凑性。

▶图 1 （耿庆雷 作）

▶图 2 （耿庆雷 作）

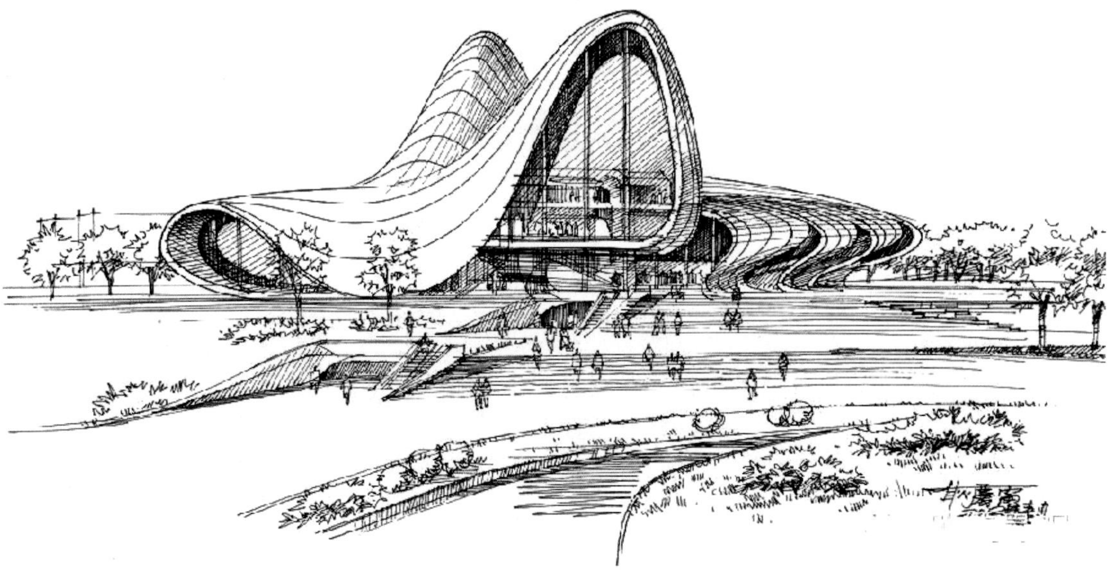

▶图3 （耿庆雷 作）

▶图4 （毛毛 作）

▶图 5 （胡华中 作）

▶图 6 （夏克梁 作）

▶图 7 （陈红卫 作）

▶图 8 （陈红卫 作）

▶图 9 （陈道文 作）

▶图 10 （朱鸿伟 作）

▶图 11 （佚名 作）

▶图 12 （佚名 作）

▶图 13 （张佩 作）

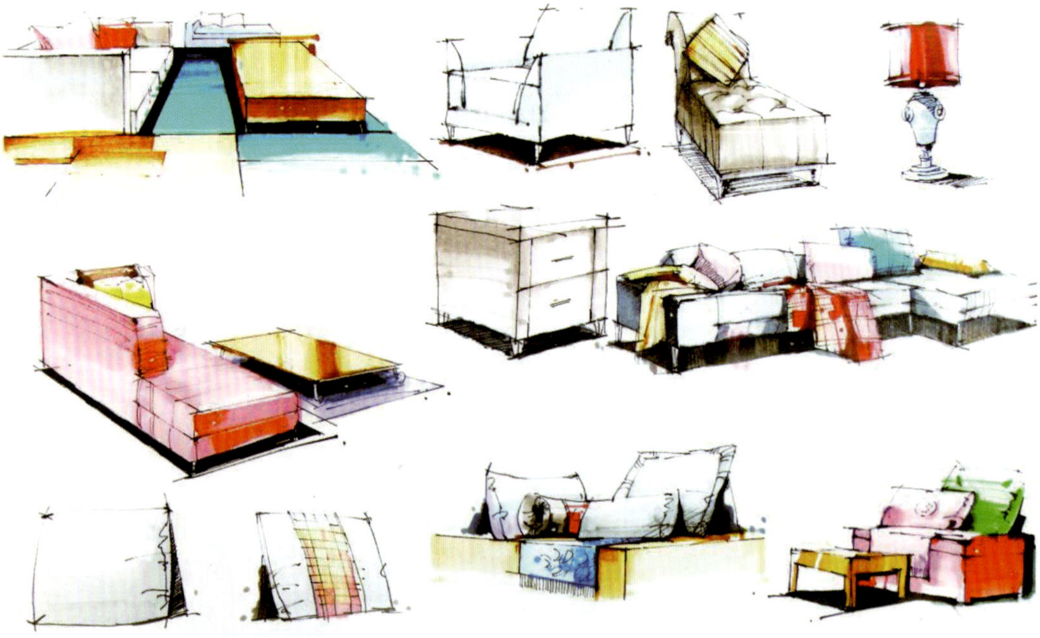

▶图 14 （闫谨 作）

▶图 15 （闫谨 作）

▶图 16 （黄懿 作）

▶图 17 （黄胤程 作）

▶图 18 （黄胤程 作）

▶图 19 （黄胤程 作）

▶图 20　（黄胤程　作）

▶图 21　（黄胤程　作）

▶图 22 （陈杰 作）

▶图 23 （陈红卫 作）

▶图 24 （林文冬 作）

▶图 25 （黄胤程 作）

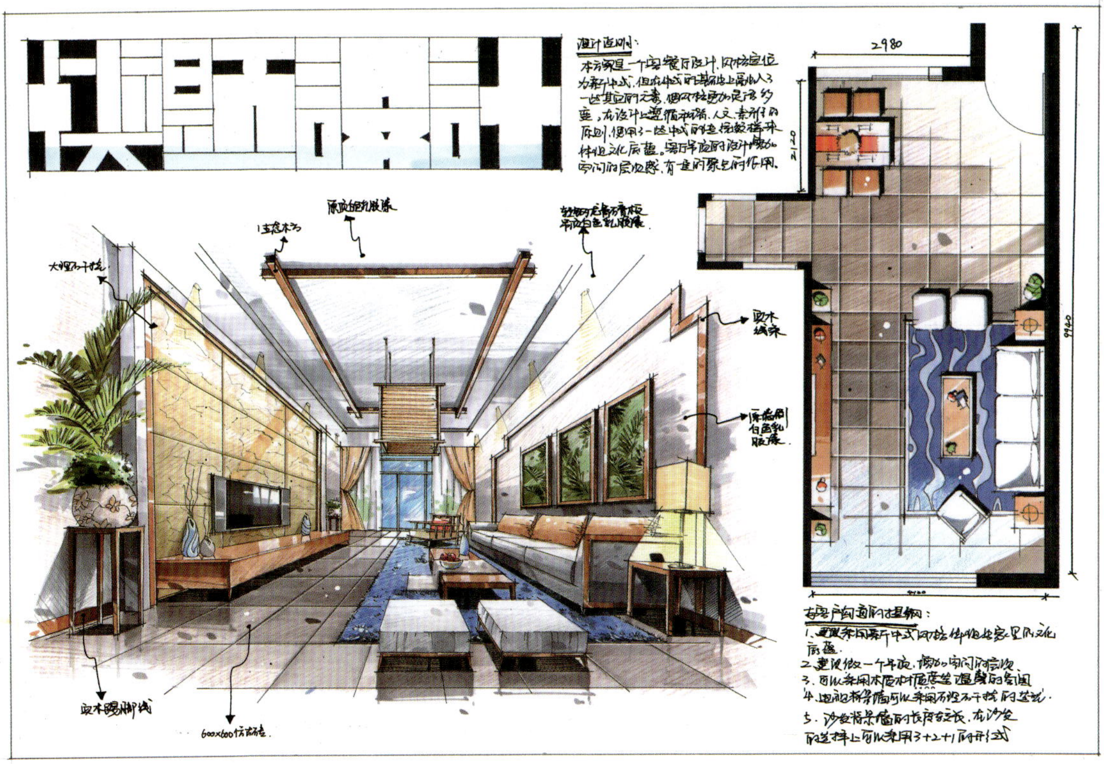

▶图 26 （黄胤程 作）

▶图 27 （黄胤程 作）

▶图 28　（陈伟红　作）

▶图 29　（陈伟红　作）

▶图 30　（陈伟红　作）

▶图 31 （佚名 作）

▶图 32 （佚名 作）

▶图 33 （闫谨 作）

▶图 34 （闫谨 作）

▶图 35 （闫谨 作）

▶图 36 （闫谨 作）

▶图 37 （闫谨 作）

▶图 38 （闫谨 作）

▶图 39 （黄胤程 作）

▶图 40 （黄胤程 作）

POSTSCRIPT

后记

“室内手绘表现技法”是室内艺术设计、建筑室内设计、建筑装饰工程、环境艺术设计等专业十分重要的一门专业技能基础课程。同时，“室内手绘表现技法”又是一门非常注重实践的课程，它将学习认知与设计实践紧密相连，有助于学生将来作为一名室内设计师，与客户建立良好沟通关系。

依据我国高等职业院校艺术设计相关专业教学、课程标准，按照教育部职业院校艺术设计类专业教学指导委员会环境艺术设计类专业委员会的要求，本书在编写过程中坚持理论与实践相结合、当前与未来相结合的原则，重点突出艺术设计类专业的应用性特点，融艺术、技术、观念于一体。

本书分两个模块、六个项目，通过大量的实践案例和清晰的示范步骤，帮助学生全面掌握室内手绘表现技法，大大提高方案设计能力、交流沟通能力，增强创新意识和艺术修养，做到学以致用，为将来迅速适应室内设计相关工作岗位打下坚实的基础。

本书编者为多年从事室内设计教学工作、具有丰富室内装饰工程项目设计经验的“双师型”教师以及企业专家。书中绝大部分作品及示例均由编者创作，凝结了集体的心血与智慧。

在本书编写过程中，编者参考引用了一些相关书籍、网站的资料，已竭尽所能注明原创作者姓名，但仍有一部分资料因受来源的限制，难以一一注明作者及出处，在此对这些资料的作者表示衷心的感谢。

希望本书对正在学习室内艺术设计专业的学生、正在从事室内设计工作的同行，以及关心、爱好艺术设计的朋友们有所帮助。因编者水平有限，本书中错误疏漏在所难免，敬请读者和同行专家给予批评指正，以便更好地改进与提高。

编　者

2024 年 12 月